ΣBEST
シグマベスト

高校 これでわかる
基礎反復問題集

物理基礎

文英堂編集部 編

文英堂

この本の特色

1 徹底して基礎力を身につけられる

定期テストはもちろん，入試にも対応できる力は，しっかりとした基礎力の上にこそ積み重ねていくことができます。そして，しっかりとした基礎力は，重要な内容・基本的な問題をくり返し学習し，解くことで身につきます。

2 便利な書き込み式

利用するときの効率を考え，書き込み式にしました。この問題集に直接答えを書けばいいので，ノートを用意しなくても大丈夫です。

3 参考書とリンク

内容の配列は，参考書「これでわかる物理基礎」と同じにしてあります。くわしい内容を確認したいときは，参考書を利用すると，より効果的です。

4 くわしい別冊解答

別冊解答は，くわしくわかりやすい解説をしており，基本的な問題でも，できるだけ解き方を省略せずに説明しています。また，「テスト対策」として，試験に役立つ知識や情報を示しています。

この本の構成

1 まとめ

重要ポイントを，図や表を使いながら，見やすくわかりやすくまとめました。キー番号は 基礎の基礎を固める! ページのキー番号に対応しています。
発展…「物理基礎」の教科書で発展的内容として扱われている範囲。

2 基礎の基礎を固める！

基礎知識が身についているかを確認するための穴うめ問題です。わからない所があるときは，同じキー番号の「まとめ」にもどって確認しましょう。

3 テストによく出る問題を解こう！

しっかりとした基礎力を身につけるための問題ばかりを集めました。
必修…特に重要な基本的な問題。
テスト…定期テストに出ることが予想される問題。
難…難しい問題。ここまでできれば，かなりの力がついている。

4 入試問題にチャレンジ！

いくつかの章ごとにまとめて，実際の入試問題をとりあげています。入試に対応できる力がついているか確認しましょう。

もくじ

1編 運動とエネルギー

- **1章** 物体の運動 …………………………… *4*
- **2章** 力 …………………………………… *10*
- **3章** 運動の法則 ………………………… *16*
- ○ 入試問題にチャレンジ ………………… *24*
- **4章** 仕事と力学的エネルギー ………… *26*
- **5章** 熱とエネルギー …………………… *36*
- ○ 入試問題にチャレンジ ………………… *41*

2編 波・電気・原子とエネルギー

- **1章** 波の表し方 ………………………… *44*
- **2章** 波の性質 …………………………… *50*
- **3章** 音　波 ……………………………… *54*
- ○ 入試問題にチャレンジ ………………… *60*
- **4章** 静電気と電流 ……………………… *62*
- **5章** 電気とエネルギー ………………… *66*
- **6章** 電磁誘導と交流 …………………… *70*
- **7章** 原子とエネルギー ………………… *74*
- ○ 入試問題にチャレンジ ………………… *76*

付録 測定値と有効数字 …………………… *78*

▶ 別冊　正解答集

1編 運動とエネルギー

1章 物体の運動

🔑 1 □ 速さと速度

1秒間あたりに進む距離が**速さ**であるから，物体が x〔m〕の距離を進むのに t〔s〕かかったとき，その物体の速さ v〔m/s〕は，

$$v = \frac{x}{t}$$

である。速さに向きを加えた量を**速度**という。

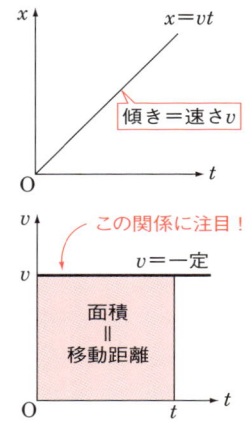

🔑 2 □ 等速直線運動

速さ v〔m/s〕で等速直線運動している物体が，t〔s〕間に進む距離 x〔m〕は，$x = vt$ である。等速直線運動を x–t グラフに表すと，原点を通る直線となり，この直線の傾きが**速さ**を表す。また，v–t グラフに表すと，t 軸に平行な直線となり，囲まれた面積が**移動距離**を表す。

🔑 3 □ 速度の合成と相対速度

- **速度の合成** 速度 $\vec{v_1}$ で運動しているものの上を速度 $\vec{v_2}$ で運動している物体は，速度 $\vec{v_1} + \vec{v_2}$ で運動しているように見える。

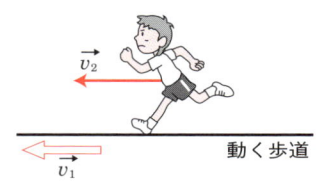

- **相対速度** 速度 $\vec{v_B}$ で運動している物体Bから速度 $\vec{v_A}$ で運動している物体Aを見たとき，Bに対するAの相対速度 $\vec{v_{BA}}$ は，

$$\vec{v_{BA}} = \vec{v_A} - \vec{v_B}$$

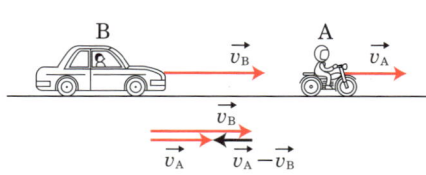

🔑 4 □ 加速度と等加速度直線運動

等加速度直線運動の式は覚えておこう。

加速度 a〔m/s²〕の等加速度直線運動をしている物体の初速度を v_0〔m/s〕，t〔s〕後の速度を v〔m/s〕，位置を x〔m〕とすれば，

$$v = v_0 + at$$
$$x = v_0 t + \frac{1}{2}at^2$$
$$v^2 - v_0^2 = 2ax$$

である。等加速度直線運動を v–t グラフに表すと直線となり，その直線の傾きが**加速度**を表す。

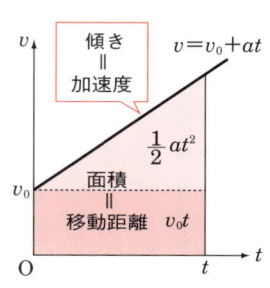

基礎の基礎を固める！

（　）に適語を入れよ。　答⇒別冊 p.2

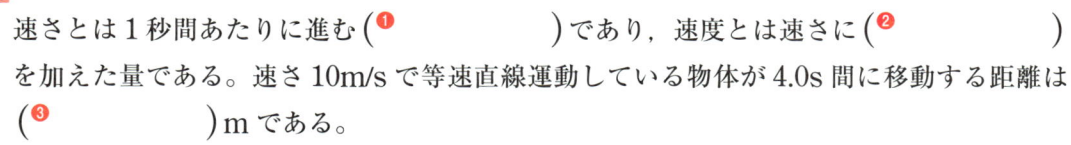

1 速さと速度

速さとは1秒間あたりに進む（①　　　　　）であり，速度とは速さに（②　　　　　）を加えた量である。速さ 10m/s で等速直線運動している物体が 4.0s 間に移動する距離は（③　　　　　）m である。

2 x–t グラフ

x–t グラフが図の直線で表される運動は（④　　　　　）運動であり，その直線の傾きは（⑤　　　　　）を表している。

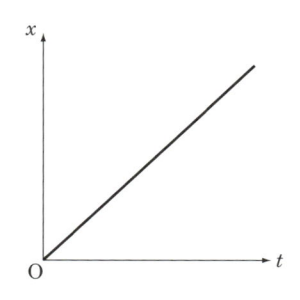

3 加速度

加速度とは，1秒間あたりの（⑥　　　　　）の変化量である。

4 等加速度直線運動

一直線上を等加速度直線運動をしている物体が 5.0s 間で速さ 10m/s から 20m/s に加速した。このときの加速度の大きさは（⑦　　　　　）m/s² である。

5 v–t グラフ

v–t グラフが図の直線で表される運動は（⑧　　　　　）運動であり，その直線の傾きは（⑨　　　　　）を表し，囲まれた面積は（⑩　　　　　）を表している。

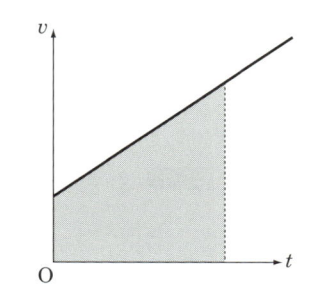

6 速度の合成

地面の上を 0.15m/s で歩くことができる人が，0.10m/s で動いている動く歩道の上を動く歩道と同じ方向に歩くと，この人の速さは（⑪　　　　　）m/s になる。

7 相対速度

東向きに 10m/s で動いている自動車から，東向きに 2.0m/s で走っている自転車を見たとき，自転車の速度は（⑫　　　　　）向きに速さ（⑬　　　　　）m/s で運動しているように見える。

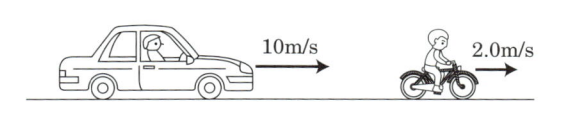

テストによく出る問題を解こう！

答➡別冊 p.2

1 [x–t グラフ，v–t グラフ]

物体が直線上を運動している。この物体の運動が右図のように表されるとき，以下の問いに答えよ。ただし，図内の点線は時刻 35s における接線である。

(1) 時刻 20s における速さは何 m/s か。

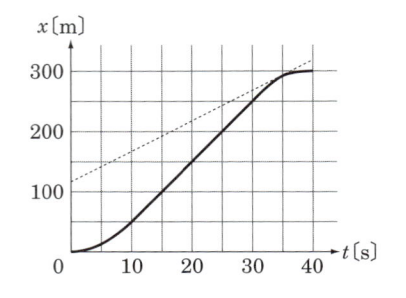

(2) 時刻 35s における速さは何 m/s か。

(3) 物体が運動を始めてから止まるまでの v–t グラフを描け。ただし，時刻 0s から 10s までと，時刻 30s から 40s までは等加速度直線運動である。

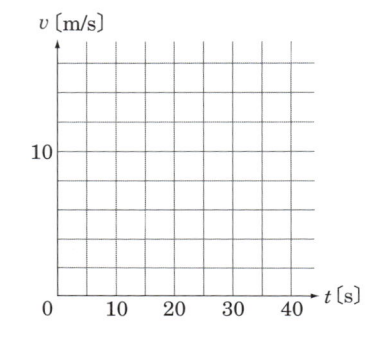

(4) 物体が運動を始めてから止まるまでの平均の速さは何 m/s か。

ヒント (2) x–t グラフの接線の傾きが瞬間の速さを表す。

2 [等加速度直線運動] 必修

静止していた物体が，加速度 2.0m/s^2 で等加速度直線運動を始めた。以下の問いに答えよ。

(1) 運動を始めてから 4.0s 後の速さは何 m/s か。

(2) 動き始めてから 4.0s 間で移動した距離は何 m か。

3 [v–t グラフ]

図のような運動をしている物体がある。この v–t グラフをもとに，以下の問いに答えよ。

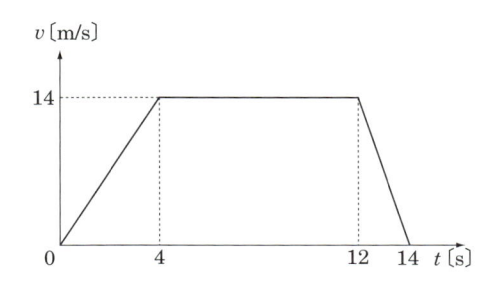

(1) 時刻 0s から 4.0s までの加速度の大きさは何 m/s² か。

(2) この運動の a–t グラフ（加速度と時間のグラフ）を描け。

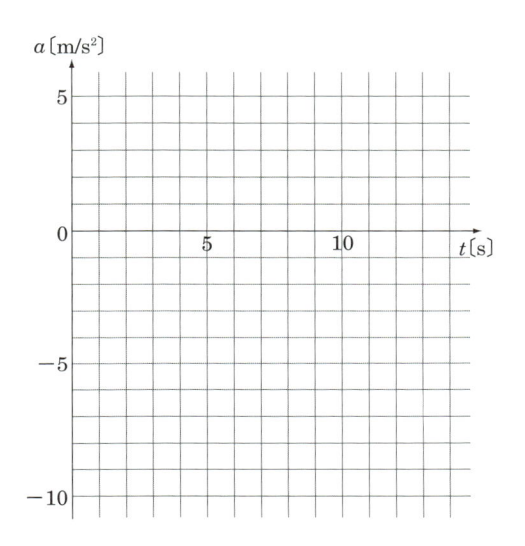

(3) この物体が運動を始めてから止まるまでに移動した距離は何 m か。

(4) この物体の平均の速さは何 m/s か。

ヒント 平均の速さは移動距離をかかった時間で割ればよい。

4 [等加速度直線運動] テスト

図のように，直線（x軸）上を運動している物体の運動を v–t グラフに表した。物体が原点 $x=0$m にいるときを時刻 $t=0$s として，以下の問いに答えよ。

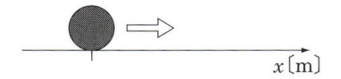

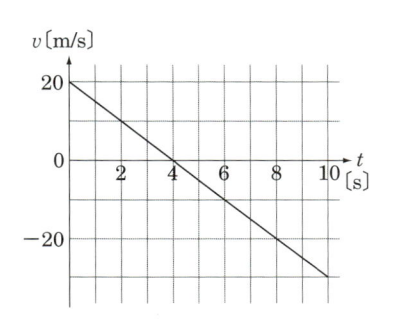

(1) 時刻 0s から 4.0s までの加速度を求めよ。また，この間の物体の速さは，速くなっているか，遅くなっているか。

(2) 時刻 4.0s から 8.0s までの加速度を求めよ。また，この間の物体の速さは，速くなっているか，遅くなっているか。

(3) 物体が $x>0$ の位置にいるとき，原点からもっとも遠くなる時刻は何時か。また，そのときの x の値を求めよ。

(4) 再び原点に戻ってくる時刻は何時か。また，そのときの物体の速度を求めよ。

5 [速度の合成]

静水に対して 2.0m/s で進むことのできる舟がある。この舟を，流れの速さが 0.60m/s の川で動かした。以下の問いに答えよ。

(1) 舟が下流に向かって進んでいるとき，川岸から見た舟の速度を求めよ。

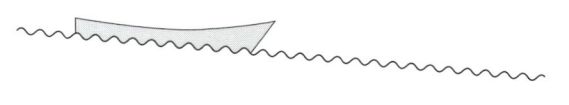

(2) 舟が上流に向かって進んでいるとき，川岸から見た舟の速度を求めよ。

6 [相対速度]

図のように，交差点で自動車Aは南向きに速さ 15m/s で，自動車Bは北向きに速さ 15m/s で，自動車Cは南向きに速さ 10m/s で走行していた。以下の問いに答えよ。

(1) 自動車Aに対する自動車Bの相対速度はいくらか。

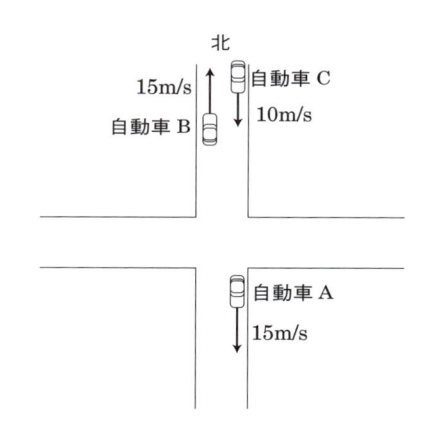

(2) 自動車Aに対する自動車Cの相対速度はいくらか。

7 [自由落下]

渓谷に架かる橋の上から小石を落下させた。小石が川の水面に達するまでに **2.0s** かかった。空気抵抗は無視でき，重力加速度の大きさを **9.8m/s²** として，以下の問いに答えよ。

(1) 水面に達する直前の小石の速さは何 m/s か。

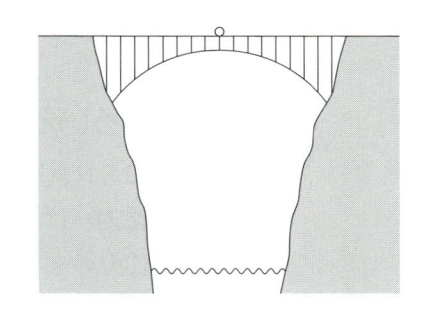

(2) 水面からの橋の高さは何 m か。

8 [鉛直線上の運動] テスト

高さ **19.6m** のビルの屋上から，ビルの壁面の外側で，小球を鉛直上向きに速さ **14.7m/s** で投げ上げた。空気抵抗は無視でき，重力加速度の大きさを **9.8m/s²** として，以下の問いに答えよ。

(1) 小球が最高点に達するまでの時間は，投げ上げてから何 s 後か。

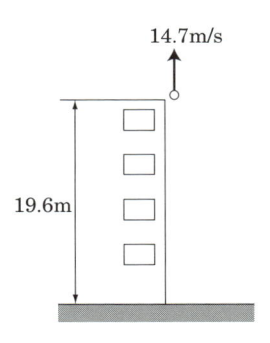

(2) 小球が最高点に達したときの地面からの高さは何 m か。

(3) 小球が再びビルの屋上を通過するのは，投げ上げてから何 s 後か。

(4) 小球が地面に達するまでの時間は，投げ上げてから何 s 後か。

(5) 小球が地面に達する直前の速さは何 m/s か。

ヒント (1) 最高点に達すると速さは 0 になる。

2章 力

🔑5 □ いろいろな力

- **重力** 質量 m〔kg〕の物体にはたらく**重力**の大きさは mg〔N〕である。
- **弾性力** ばね定数 k〔N/m〕のばねを x〔m〕伸ばした（縮めた）とき，ばねの弾性力の大きさ F〔N〕は，$F=kx$ である。この式は，弾性力が伸び（縮み）の長さに比例することを表し，**フックの法則**と呼ばれている。
- **浮力** 密度 ρ〔kg/m³〕の液体に体積 V〔m³〕の物体を沈めたとき，物体の受ける**浮力**の大きさ F〔N〕は，$F=\rho Vg$ である。

🔑6 □ 力の合成・分解

力は大きさと向きをもった量であることに注意すること。

- **力の合成** 2力を合成するときは，2力を平行四辺形の2辺とし，その**対角線**によって求める。

平行四辺形の対角線

- **力の分解** 力の分解方法はいろいろあるが，一般に，**垂直な2方向に分解**することが多い。分解した2力を合成すると元の力になる。

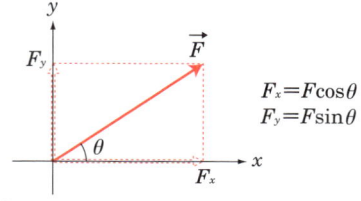

$F_x = F\cos\theta$
$F_y = F\sin\theta$

🔑7 □ 作用・反作用の法則と力のつり合い

- **作用・反作用の法則** 物体どうしが力を及ぼし合うとき，それぞれの物体に**向きが反対で大きさの等しい力**がはたらく。
- **2力のつり合い** 物体に作用線の一致する向きが反対で大きさの等しい2力がはたらくとき，この2力はつり合っている。
- **3力のつり合い** 3力がつり合っているとき，3力の中の2力の合力は，残りの力と作用線が一致し向きが反対で大きさが等しい。

2方向に分解して考えると直線上のつり合いの式をつくることができる。3力 $\vec{F_1}$, $\vec{F_2}$, $\vec{F_3}$ を x 軸，y 軸方向に分解すると，F_{1x}, F_{1y}, F_{2x}, F_{2y}, F_{3x}, F_{3y} であるとし，矢印の向きを±で表現すれば，

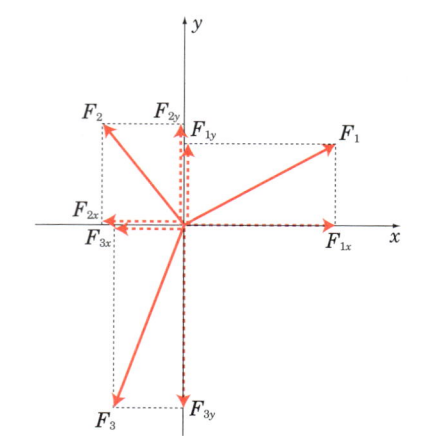

$$F_{1x} + F_{2x} + F_{3x} = 0$$
$$F_{1y} + F_{2y} + F_{3y} = 0$$

また，力の大きさで表すと，

$$|F_{1x}| - |F_{2x}| - |F_{3x}| = 0$$
$$|F_{1y}| + |F_{2y}| - |F_{3y}| = 0$$

1編 運動とエネルギー

基礎の基礎を固める！

（　）に適語を入れよ。　答⇒別冊 p.4

8 重 力 ⚬⌐5
質量 10kg の物体にはたらく重力の大きさは（❶　　　）N である。ただし，重力加速度の大きさは 9.8m/s² である。

9 弾性力 ⚬⌐5
ばねの伸びの長さと弾性力は（❷　　　）する。これを（❸　　　）の法則という。ばね定数 100N/m のばねが 0.20m 伸びたとき，ばねの弾性力の大きさは（❹　　　）N である。

10 浮 力 ⚬⌐5
体積 2.0×10^{-4} m³ の物体を水の中に沈めたとき，物体にはたらく浮力の大きさは（❺　　　）N である。ただし，重力加速度の大きさは 9.8m/s²，水の密度は 1.0×10^3 kg/m³ である。

11 2力のつり合い ⚬⌐7
物体に2力がはたらくとき，2力の（❻　　　）が一致し，向きが（❼　　　）で，大きさが（❽　　　）とき，2力はつり合っている。

12 力の合成 ⚬⌐6
次の2力の合力を作図によって求めよ。（図の1目盛りを1Nとして答えよ。）

(1) 合力の大きさは（❾　　　）N である。

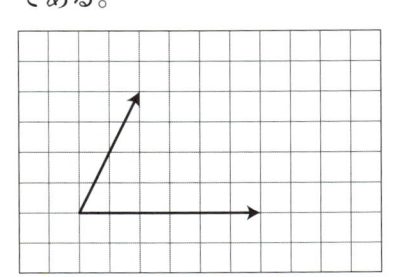

(2) 合力の大きさは（❿　　　）N である。

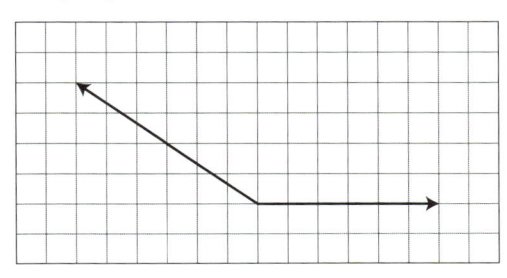

13 力の分解 ⚬⌐6
次の図の力を x 方向と y 方向に分解せよ。（図の1目盛りを1Nとして答えよ。）

2章 力

(1) x 方向（水平）の分力の大きさは
（⑪　　　）N，y 方向（鉛直）の分力の大きさは（⑫　　　）N である。

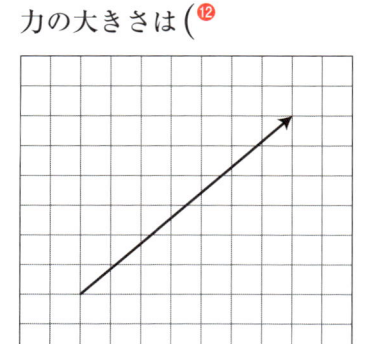

(2) x 方向の分力の大きさは
（⑬　　　）N，y 方向の分力の大きさは（⑭　　　）N である。

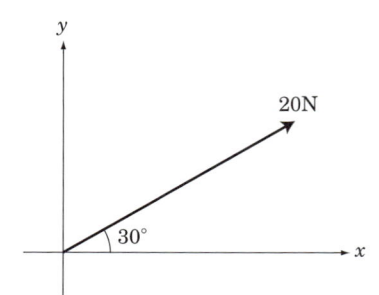

14 2力のつり合い ○⇒7

図のような2力につり合うような力を作図せよ。また，その力の大きさを求めよ。（図の1目盛りを1N，$\sqrt{26}=5.1$ として答えよ。）

(1) 力の大きさは（⑮　　　）N である。

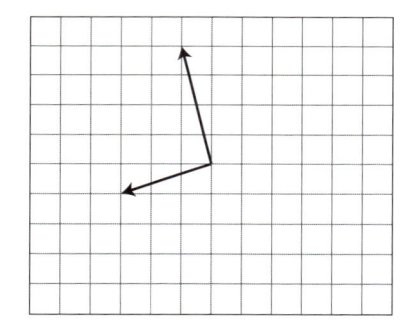

(2) 力の大きさは（⑯　　　）N である。

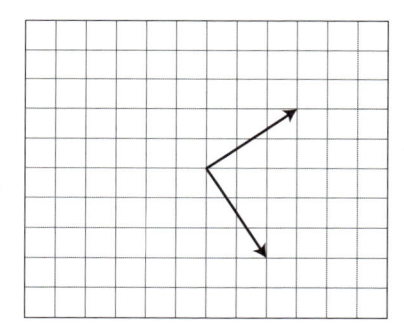

15 3力のつり合い ○⇒7

図のように，3力がつり合っている。力 F_2 の x 軸方向の分力の大きさは（⑰　　　），y 軸方向の分力の大きさは（⑱　　　），力 F_3 の x 軸方向の分力の大きさは（⑲　　　），y 軸方向の分力の大きさは（⑳　　　）である。力 F_1 の x 軸方向の分力の大きさを F_{1x}，y 軸方向の分力の大きさを F_{1y} としたとき，x 軸方向の力のつり合いの式は（㉑　　　），y 軸方向の力のつり合いの式は（㉒　　　）であるから，$F_{1x}=$（㉓　　　），$F_{1y}=$（㉔　　　）である。図の1目盛りを1N とする。

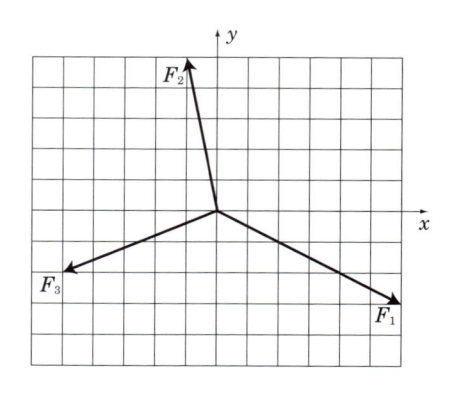

テストによく出る問題を解こう！

答⇒別冊 p.6

9 [弾性力と浮力] 必修

図1のように，質量5.0kgで体積が100cm³の物体をばねにつるしたところ，ばねは20cm伸びて静止した。重力加速度の大きさを9.8m/s²として，以下の問いに答えよ。

(1) このばねのばね定数は何N/mか。

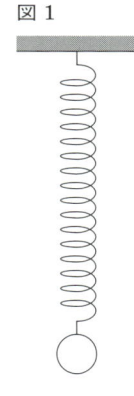

(2) 図2のように，物体を水の中に入れ，水中で静止させた。ただし，水の密度を$1.0×10^3$kg/m³とする。
　① 物体が水から受ける浮力の大きさは何Nか。

　② ばねの伸びの長さは何cmになるか。

10 [弾性力]

ばね定数100N/mのばねAと，ばね定数400N/mのばねBがある。ばねAとばねBの自然の長さはどちらも0.10mであり，ばねの質量は無視できる。重力加速度の大きさを9.8m/s²として，以下の問いに答えよ。

(1) ばねAに質量1.0kgのおもりをつるしたとき，ばねの長さは何mになるか。

(2) ばねAとばねBを直列につなぎ，質量1.0kgのおもりをつるしたとき，ばねA，B全体の長さは何mになるか。

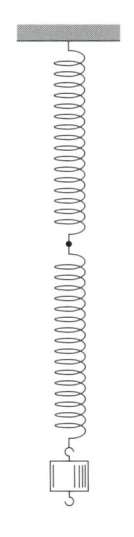

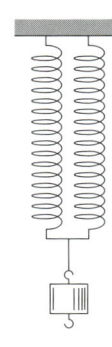

(3) ばねAとばねBを並列につなぎ，質量1.0kgのおもりをつるしたとき，ばねAとばねBは同じ長さだけ伸びた。ばねAの長さは何mになるか。

2章 力　13

11 [浮 力]

図のように質量 m [kg] の物体が液面に浮いている。重力加速度の大きさを g [m/s²] として，以下の問いに答えよ。

(1) 物体にはたらく浮力の大きさはいくらか。

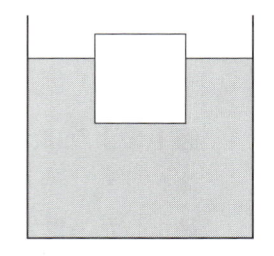

(2) 物体の液中に沈んでいる部分の体積が V [m³] であるとすれば，液体の密度はいくらか。

ヒント (1) 重力と浮力がつり合っている。

12 [力のつり合い] ﾃｽﾄ

図のように，3本の糸 A，B，C を使って質量 1.0kg の物体をつるした。重力加速度の大きさを 9.8m/s² として，以下の問いに答えよ。

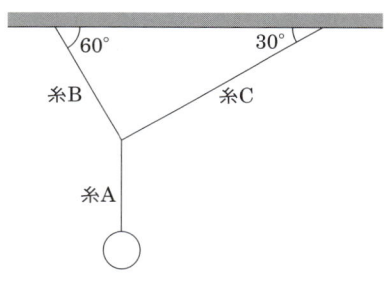

(1) 糸 A の張力の大きさは何 N か。

(2) 糸 B の張力の大きさを T_B [N] としたとき，張力 T_B の水平方向の分力の大きさは何 N か。また，鉛直方向の分力の大きさは何 N か。T_B を用いて表せ。

(3) 糸 C の張力の大きさを T_C [N] としたとき，張力 T_C の水平方向の分力の大きさは何 N か。また，鉛直方向の分力の大きさは何 N か。T_C を用いて表せ。

(4) 水平方向の力のつり合いの式を，T_B, T_C を用いて表せ。

(5) 鉛直方向の力のつり合いの式を，T_B, T_C を用いて表せ。

(6) 張力 T_B, T_C はそれぞれ何 N か。

> **ヒント** 水平方向の力，鉛直方向の力がそれぞれつり合っている。

13 [3力のつり合い]

図に示すように，2つのなめらかな滑車とひもにより物体 A，B および C がつり下がり静止している。物体 A の質量は 8kg である。物体 B をつるしているひも 1 と水平線とのなす角度は 45°，ひも 2 と水平線とのなす角度は 30° である。重力加速度の大きさを 9.8m/s² とし，滑車およびひもの質量は無視するものとして，以下の問いに答えよ。

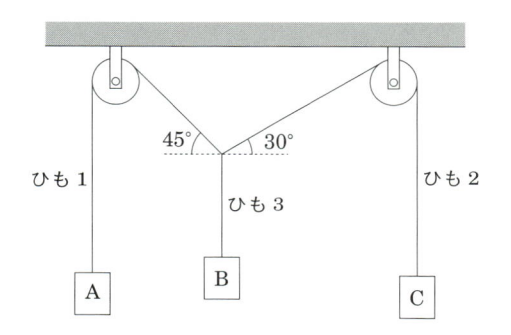

(1) ひも 1 の張力 T_1 は何 N か。

(2) ひも 2 の張力 T_2 とひも 3 の張力 T_3 はそれぞれ何 N か。

(3) 物体 B と物体 C の質量はそれぞれ何 kg か。

3章 運動の法則

8 □ 運動の法則

物体に生じる**加速度の大きさ**は，物体に加えられた力の大きさに比例し，物体の質量に反比例する。**加速度の向き**は力の向きに等しい。

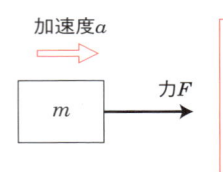

物体に加えられた力の向きと加速度の向きは等しく，
$$ma=F$$
の関係式が成り立つ。

質量 m〔kg〕の物体にはたらく力の合力が F〔N〕のとき，F と物体に生じる加速度 a〔m/s²〕の間には，$ma=F$ が成り立つ。これを**運動方程式**という。
$F=0$ のときは，静止している物体は静止を続け，運動している物体は等速直線運動を続ける。これを**慣性の法則**という。

9 □ 静止摩擦力

静止している物体の動きを妨げるようにはたらく力を**静止摩擦力**という。

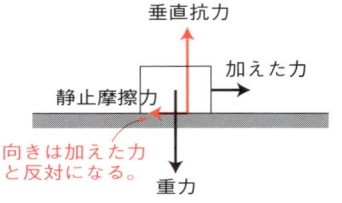

> 摩擦力は垂直抗力に比例する。

向きは加えた力と反対になる。

加えた力を大きくすると，静止摩擦力も大きくなり，物体にはたらく力の合力が0になる。しかし，静止摩擦力は最大摩擦力を越えて大きくなることはできない。

静止摩擦力は加えた力の大きさに応じて変化するが，最大摩擦力以上に大きくなることはできない。**最大摩擦力** F_{max} は，
$$F_{max}=\mu N$$
である。ここで，N は**垂直抗力**であり，μ を**静止摩擦係数**という。

10 □ 動摩擦力

面上を運動している物体の運動を妨げるように，物体が面から受ける力を**動摩擦力**という。動摩擦力の大きさ F'〔N〕は，
$$F'=\mu' N$$
である。ここで，μ' を**動摩擦係数**という。

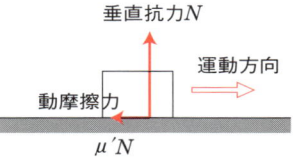

動摩擦力は運動を妨げる向きにはたらき，その大きさは運動の速さによらず一定である。

11 □ 抵抗力

物体が気体や液体の中を運動しているとき，運動を妨げる向きに力がはたらく。その力を**抵抗力**といい，**抵抗力の向き**は物体の運動方向と逆向きである。**抵抗力の大きさ**は物体の速さが大きいほど大きい。

基礎の基礎を固める！

（　）に適語を入れよ。　答➡別冊 p.8

16 慣性の法則　⌾8

物体にはたらく力の合力が0のとき，運動している物体は（❶　　　　　）運動を続ける。これを（❷　　　　　）の法則という。

17 運動の法則　⌾8

物体に力を加えて運動をさせたとき，物体に生じる加速度の大きさは，力の大きさに（❸　　　　　）し，物体の質量に（❹　　　　　）する。これを（❺　　　　　）の法則という。

18 運動方程式　⌾8

なめらかな水平面上で，質量 5.0kg の物体に 1.0N の力を水平方向に加えたとき，物体に生じる加速度の大きさは（❻　　　　　）m/s^2 である。

19 静止摩擦力　⌾9

静止している物体の動きを妨げるようにはたらく力を（❼　　　　　）という。加えた力の大きさが大きくなると静止摩擦力の大きさは（❽　　　　　）なるが，（❾　　　　　）を越えて大きくなることはできない。

20 静止摩擦力　⌾9

質量 2.0kg の物体が水平面上に置かれている。この物体に水平方向に 5.0N の力を加えても静止していた。このとき物体にはたらく静止摩擦力の大きさは（❿　　　　　）N である。力の大きさを大きくしていったとき，力の大きさが 7.0N を越えたとき物体は動き始めた。最大摩擦力の大きさは（⓫　　　　　）N である。

21 動摩擦力　⌾10

面上を運動している物体の運動を妨げるように，物体が面から受ける力を（⓬　　　　　）といい，その大きさは物体の運動の速さに（⓭　　　　　）。

22 抵抗力　⌾11

物体が気体や液体の中を運動しているとき，運動を妨げる向きに抵抗力がはたらく。抵抗力の向きは物体の運動方向と（⓮　　　　　）向きで，抵抗力の大きさは物体の速さが大きいほど（⓯　　　　　）。

3章　運動の法則　17

テストによく出る問題を解こう！

答⇒別冊 p.8

14 ［運動の法則］ 必修

図のように，水平面と30°の角度をなす，なめらかな斜面上に，質量2.0kgの物体を置いて，静かにはなしたところ，物体は斜面上をすべり降りた。重力加速度の大きさを9.8m/s²とし，空気抵抗は無視できるものとして，以下の問いに答えよ。

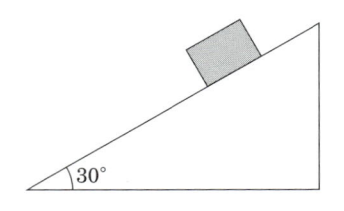

(1) 物体に生じる加速度の大きさをa〔m/s²〕として，物体の運動方程式を記せ。

(2) 物体に生じる加速度の大きさは何 m/s² か。

15 ［静止摩擦力］

水平面上に置かれた板の上に，質量m〔kg〕の物体を置き，板の一端を持ち上げていった。板と物体との静止摩擦係数をμとし，重力加速度の大きさをg〔m/s²〕として，以下の問いに答えよ。

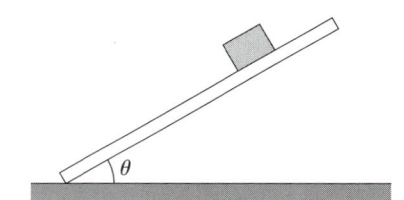

(1) 板を水平面とθの角度にしたとき，物体は静止していた。物体にはたらく摩擦力の大きさはいくらか。

(2) 板と水平面とのなす角度がθ_0を越えたとき，物体は斜面をすべり始めた。静止摩擦係数μをθ_0を用いて表せ。

16 ［動摩擦力］ テスト

水平面上に置かれた質量5.0kgの物体に水平方向に20Nの力を加え続けた。物体と水平面との動摩擦係数を0.20，重力加速度の大きさを9.8m/s²として，以下の問いに答えよ。

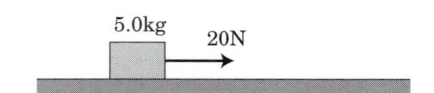

(1) 物体に生じる加速度の大きさを a [m/s²] として，物体の運動方程式を記せ。

(2) 物体に生じる加速度の大きさは何 m/s² か。

17 [動摩擦力] 必修

角度 30° の斜面上に質量 4.0kg の物体を置いて，静かに手をはなしたところ，物体は斜面をすべり始めた。物体と斜面との動摩擦係数を 0.20，重力加速度の大きさを 9.8m/s² として，以下の問いに答えよ。

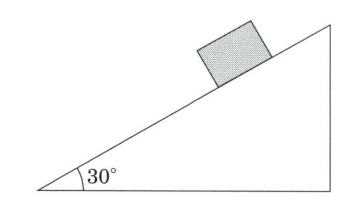

(1) 物体に生じる加速度の大きさを a [m/s²] として，物体の運動方程式を記せ。

(2) 物体に生じる加速度の大きさは何 m/s² か。

18 [運動の法則]

なめらかな水平面上に，質量 4.0kg の物体 A と質量 5.0kg の物体 B を軽い糸でつなぎ，物体 A に水平方向に 18N の力を加え続けた。このときの糸の張力を T [N]，物体 A に生じる加速度の大きさを a [m/s²] として，以下の問いに答えよ。

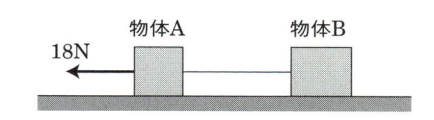

(1) 物体 A と物体 B の運動方程式をそれぞれ記せ。

(2) 加速度の大きさ a は何 m/s² か。

(3) 糸の張力の大きさ T は何 N か。

ヒント 物体 B にはたらく力は張力 T だけである。

19 [運動の法則]

図のように,なめらかな水平面上に質量 10kg の物体 A と,質量 15kg の物体 B が置かれている。物体 A を水平方向に 10N の力で押した。以下の問いに答えよ。

(1) このとき,物体 A が物体 B を押す力の大きさを N [N],物体 A に生じる加速度の大きさを a [m/s²] として,物体 A と物体 B の運動方程式をそれぞれ記せ。

(2) 加速度の大きさ a は何 m/s² か。

(3) 物体 A が物体 B を押す力の大きさ N は何 N か。

20 [運動の法則] 難

図のように,なめらかな水平面上にある質量 1.0kg の物体 A に糸をつないで,質量 0.60kg のおもりを滑車を通してつるした。重力加速度の大きさを 9.8m/s² として,以下の問いに答えよ。

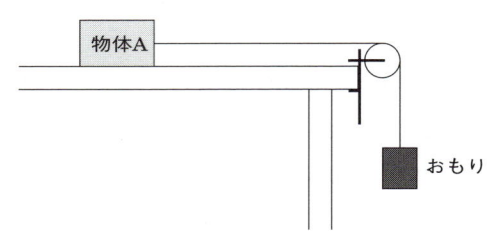

(1) このときの糸の張力を T [N],物体 A に生じる加速度の大きさを a [m/s²] として,物体 A とおもりの運動方程式をそれぞれ記せ。

(2) 加速度の大きさ a は何 m/s² か。

(3) 糸の張力の大きさ T は何 N か。

物体Aを同じ質量の物体Bに変えたところ，摩擦力が無視できなくなった。物体Bと面との動摩擦係数は0.20である。

(4) このときの糸の張力をT'〔N〕，物体Bに生じる加速度の大きさをa'〔m/s²〕として，物体Bとおもりの運動方程式をそれぞれ記せ。

(5) 加速度の大きさa'は何m/s²か。

(6) 糸の張力の大きさT'は何Nか。

21 ［運動の法則］ 必修

図のように，滑車に糸でつながれた質量1.5kgの物体Aと質量0.50kgの物体Bをかけた。重力加速度の大きさを9.8m/s²として，以下の問いに答えよ。

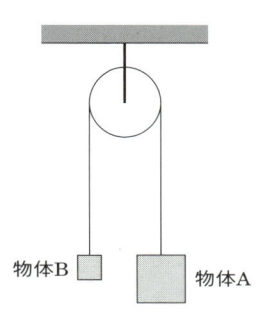

(1) このときの糸の張力をT〔N〕，物体Aに生じる加速度の大きさをa〔m/s²〕として，物体Aと物体Bの運動方程式をそれぞれ記せ。

(2) 加速度の大きさaは何m/s²か。

(3) 糸の張力の大きさTは何Nか。

> ヒント　物体Aは下向き，物体Bは上向きを正として運動方程式をつくる。

22 ［運動の法則］ テスト

図のように，水平面と30°の角度をなすなめらかな斜面上に，質量5.0kgの物体を置き，質量3.0kgのおもりのついた糸を滑車を通してつないだ。重力加速度の大きさを9.8m/s²として，以下の問いに答えよ。

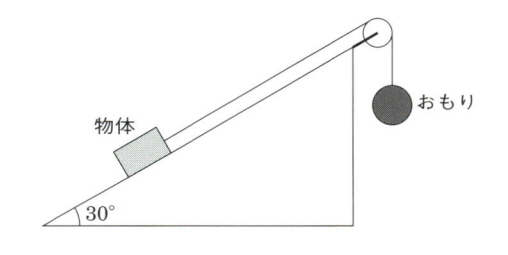

(1) このときの糸の張力を T〔N〕，物体に生じる加速度の大きさを a〔m/s²〕として，物体とおもりの運動方程式をそれぞれ記せ。

(2) 加速度の大きさ a は何 m/s² か。

(3) 糸の張力の大きさ T は何 N か。

23 ［運動の法則］ 🔥難

なめらかな水平面上に置かれた質量 3.0kg の板の上に，質量 2.0kg の物体を置き，板を水平方向に 4.0N の力で引っ張ったところ，物体は板と一体となって運動した。板と物体との静止摩擦係数を 0.50，重力加速度の大きさを 9.8m/s² として，以下の問いに答えよ。

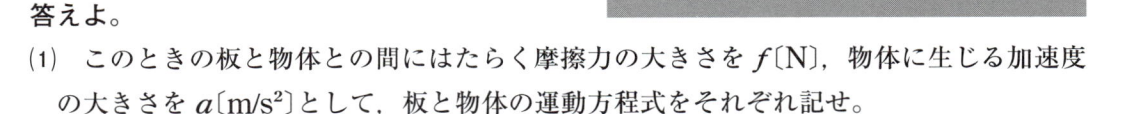

(1) このときの板と物体との間にはたらく摩擦力の大きさを f〔N〕，物体に生じる加速度の大きさを a〔m/s²〕として，板と物体の運動方程式をそれぞれ記せ。

(2) 加速度の大きさ a は何 m/s² か。

(3) 摩擦力の大きさ f は何 N か。

(4) 板に加える力の大きさを徐々に大きくしていったところ，加える力の大きさが F〔N〕を越えたとき，物体は板の上をすべり出した。このときの力の大きさ F を求めよ。

ヒント 摩擦力は運動方向と反対向きにはたらくことに注意する。

24 [抵抗力] テスト

質量 m [kg] の雨滴が大気中を落下している。雨滴には速さ v [m/s] に比例する抵抗力 kv [N] がはたらく。重力加速度の大きさを g [m/s²] として，以下の問いに答えよ。

(1) 雨滴の速さが v [m/s] になったときの加速度の大きさを a [m/s²] として，雨滴の運動方程式を記せ。

(2) 雨滴の速さが v [m/s] になったときの加速度の大きさは何 m/s² か。

(3) 最終的に，雨滴は等速で地面に落下する。このときの速度を終端速度という。終端速度は何 m/s か。

25 [抵抗力]

密度 ρ [kg/m³] の液体の中に，質量 m [kg]，体積 V [m³] の発泡スチロール球を入れ，静かに手をはなしたところ，発泡スチロール球は液体中を上昇した。発泡スチロール球は，液体から速さ v [m/s] に比例する抵抗力 kv [N] を受ける。重力加速度の大きさを g [m/s²] として，以下の問いに答えよ。

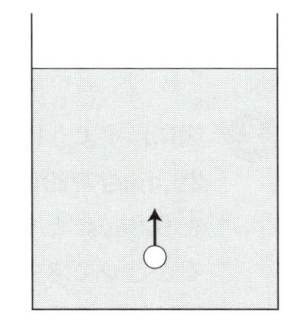

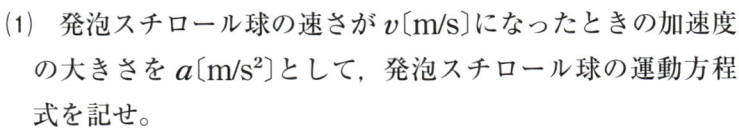

(1) 発泡スチロール球の速さが v [m/s] になったときの加速度の大きさを a [m/s²] として，発泡スチロール球の運動方程式を記せ。

(2) 発泡スチロール球の速さが v [m/s] になったときの加速度の大きさは何 m/s² か。

(3) 最終的に，発泡スチロール球は等速で上昇する。このときの速さは何 m/s か。

ヒント 等速で上昇するのは，加速度 a が 0 となるときである。

入試問題にチャレンジ！

答➡別冊 p.12

1 水平な直線上を動く物体がある。この物体が直線上にある点(原点)を通過する時刻を 0s とする。この物体が等加速度直線運動をする場合，物体がこの原点を通過してからの経過時間 t [s] と速度 v [m/s] の関係を図に示すと右の図のようになる。次の問いに答えよ。

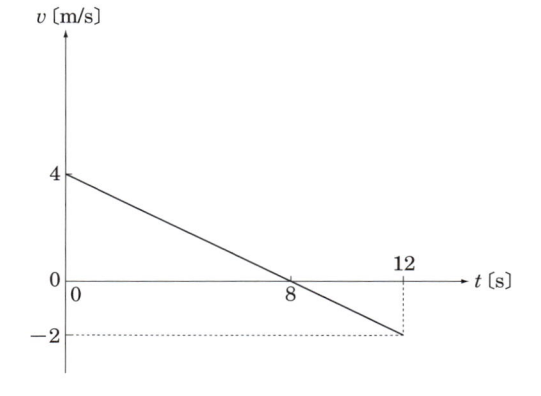

(1) 物体の初速度は何 m/s か。

(2) 物体の加速度は何 m/s² か。

(3) $t=10$s の瞬間の速度は何 m/s か。

(4) $t=12$s の瞬間の物体の位置は原点から何 m になるか。

(5) 経過時間 t が 12s 以内の場合，物体の位置が原点からもっとも遠ざかった位置は何 m になるか。

(湘南工大)

2 図に示すように，高さ 34.3m の鉄塔頂上から小球を初速度 29.4m/s で鉛直上向きに打ち上げた。重力加速度の大きさを 9.8m/s² とする。鉄塔は小球が通り抜けて地面まで達することができる構造になっているとする。風の影響や空気抵抗は無視できるものとする。次の問いに答えよ。

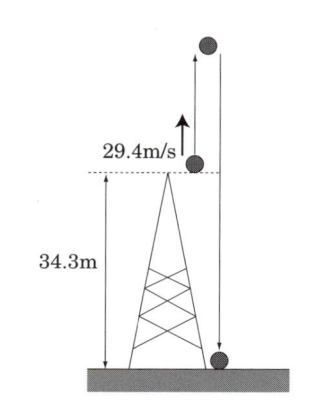

(1) 小球が到達する最高点の，地面からの高さを求めよ。

(2) 小球が再び鉄塔頂上に戻ってくるまでに要する時間を求めよ。

(3) 小球が再び鉄塔頂上に戻ってきたときの速さを求めよ。

(4) 小球が再び鉄塔頂上に戻ってきてから地面に達するまでの時間を求めよ。

(5) 小球が地面に達したときの速さを求めよ。

(鶴見大)

24　1編　運動とエネルギー

3 1辺の長さが L の立方体の材木がある。材木の密度は一様に ρ である。この材木を真水に静かに浮かべたところ，図のように上面が水面と平行に，水面から上に高さ H だけ出て静止した。真水の密度を ρ_0，重力加速度の大きさを g とする。以下の ☐ にあてはまるものを求めよ。

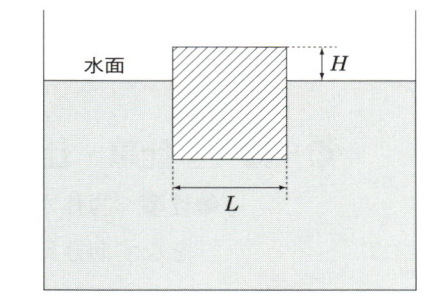

(1) 材木の質量は ☐ ρ である。

(2) 材木にはたらく重力の大きさは ☐ ρ である。

(3) 材木にはたらく浮力の大きさは ☐ ρ_0 である。

(4) 1辺の長さ L が 10.0 cm，材木の密度 ρ が 7.0×10^{-4} kg/cm³ であるとき，水面から上に出ている部分の高さ H は ☐ cm である。ただし，真水の密度 ρ_0 を 1.0×10^{-3} kg/cm³ とする。

(日本大)

4 次の文を読み，あとの問いに答えよ。

図のように，質量 m [kg] の物体Aと質量が変化する物体Bを糸でつないで，傾斜角 θ の斜面の上端にあるなめらかに回転する滑車にかける。

物体Aと斜面との間の静止摩擦係数を μ，重力加速度の大きさを g [m/s²] とする。ただし，糸および滑車の質量，滑車の摩擦や空気抵抗は無視できるものとする。また，$\mu < \tan\theta$ とする。

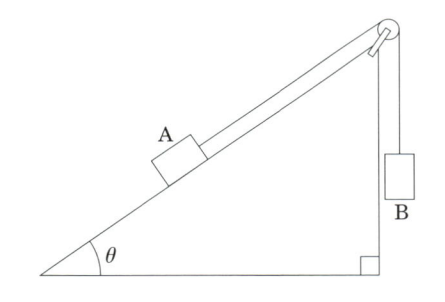

(1) 物体Aに対する斜面からの垂直抗力の大きさ N [N]，最大摩擦力 F_0 [N] をそれぞれ求めよ。

(2) 物体Bの質量を徐々に減少させていく。物体Aがすべり落ちる直前の物体Bの質量を M_1 [kg] として，力のつり合いの式を記述し，M_1 を m，θ，μ を用いて表せ。

(3) 物体Bの質量をさらに減少させたところ，物体Aは加速しながら斜面をすべり降りた。物体Bの質量を M_2 ($M_2 < M_1$)，動摩擦係数を μ' として，このときの糸の張力および物体A，Bの加速度の大きさを，m，M_2，θ，μ'，g を用いてそれぞれ表せ。

(宮城大)

4章 仕事と力学的エネルギー

🔑 12 □ 仕事・仕事率

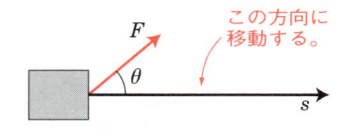

●**仕事** 物体が，加えられた力 F〔N〕と角 θ をなす向きに s〔m〕移動したとき，力 F のした**仕事** W〔J〕は，

$$W = Fs\cos\theta$$

●**仕事率** 時間 t〔s〕の間に W〔J〕の仕事をするときの**仕事率** P〔W〕は，

$$P = \frac{W}{t}$$

🔑 13 □ 運動エネルギー

質量 m〔kg〕の物体が速さ v〔m/s〕で運動しているとき，物体のもっている運動エネルギーは

$$\frac{1}{2}mv^2 \text{〔J〕}$$

である。物体は仕事をされると，された仕事の分だけ運動エネルギーが増加する。

🔑 14 □ 位置エネルギー

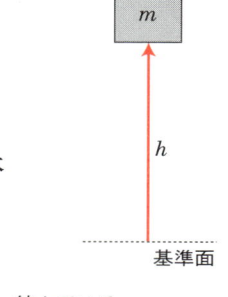

●**重力による位置エネルギー**

基準面より高さ h〔m〕のところにある質量 m〔kg〕の物体がもつ重力による位置エネルギーは mgh〔J〕である。

●**弾性力による位置エネルギー（弾性エネルギー）**

ばね定数 k〔N/m〕のばねを自然の長さから x〔m〕伸ばした（縮めた）とき，ばねに蓄えられる弾性力による位置エネルギーは

$$\frac{1}{2}kx^2 \text{〔J〕}$$

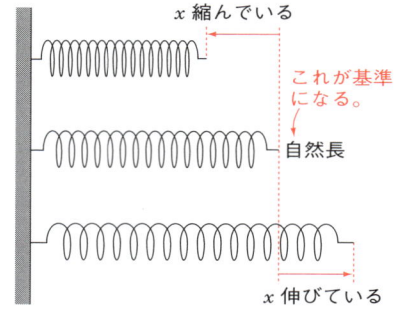

> エネルギー保存則はよく使います。

🔑 15 □ 力学的エネルギーの保存

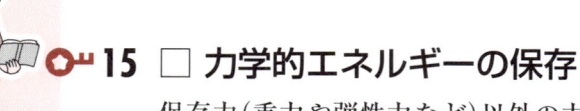

保存力（重力や弾性力など）以外の力がはたらいていても仕事をせず，保存力のみが仕事をする物体の運動では，力学的エネルギーは一定に保たれる。これを**力学的エネルギー保存の法則**という。

基礎の基礎を固める！

（　）に適語を入れよ。　答➡別冊 p.14

必要があれば，重力加速度の大きさ 9.8m/s² を用いて計算せよ。

23 仕事 🔑 12
物体に 5.0N の力を加え，力の方向に 10m 移動させたとき，力のした仕事は（❶　　　）J である。

24 仕事 🔑 12
物体に 5.0N の力を加え続けたところ，物体は力と 60°の角度をなす方向に 10m 移動した。このとき力のした仕事は（❷　　　）J である。

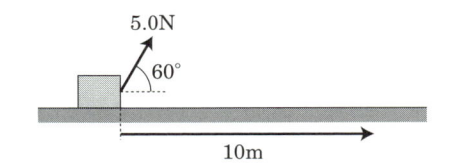

25 仕事 🔑 12
水平面上を運動している質量 10kg の物体が 20m 移動したとき，物体にはたらく垂直抗力のする仕事は（❸　　　）J である。

26 仕事率 🔑 12
10s 間で 300J の仕事をしたときの仕事率は（❹　　　）W である。

27 運動エネルギー 🔑 13
質量 4.0kg の物体が速さ 10m/s で運動しているとき，物体のもつ運動エネルギーは（❺　　　）J である。

28 仕事と運動エネルギー 🔑 13
物体はされた仕事の分だけ運動エネルギーが（❻　　　）する。速さ 5.0m/s で運動している質量 4.0kg の物体に 78J の仕事を加えたとき，物体のもつ運動エネルギーは（❼　　　）J となり，物体の速さは（❽　　　）m/s になる。

29 位置エネルギー 🔑 14
質量 2.0kg の物体が，基準点より高さ 10m の位置にあるとき，物体のもつ重力による位置エネルギーは（❾　　　）J である。また，基準点より 5.0m 低い位置にあるとき，物体のもつ重力による位置エネルギーは（❿　　　）J である。

4章　仕事と力学的エネルギー

30 弾性エネルギー 🔑 14

ばね定数 200N/m のばねを 20cm 伸ばしたとき，ばねに蓄えられる弾性力による位置エネルギー(弾性エネルギー)は (⑪　　　) J である。このばねを 10cm 縮めたとき，ばねに蓄えられる弾性エネルギーは (⑫　　　) J である。

31 力学的エネルギーの保存 🔑 15

重力や弾性力などの保存力のみが仕事をして物体が運動しているとき，物体のもつ力学的エネルギーは保存 (⑬　　　)。

32 力学的エネルギーの保存 🔑 15

物体が曲面上を運動するとき，物体にはたらく力は重力と垂直抗力で，(⑭　　　) 力が仕事をしないので，力学的エネルギーは保存 (⑮　　　)。図の曲面上の A 点で静かにはなされた物体が，A 点より 10m 低い B 点を通過するときの速さは (⑯　　　) m/s である。

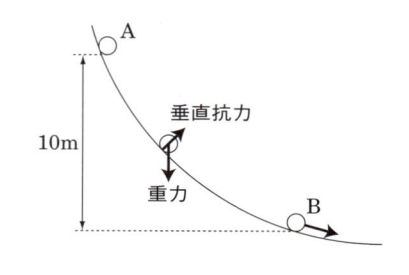

33 力学的エネルギーの保存 🔑 15

糸につるされた物体の運動で，物体にはたらく力は重力と張力であり，(⑰　　　) 力が仕事をしないので，力学的エネルギーは保存 (⑱　　　)。長さ 0.392m の糸につるされたおもりを，鉛直方向から 60° 傾けて静かにはなした。最下点を通過するときのおもりの速さは (⑲　　　) m/s である。

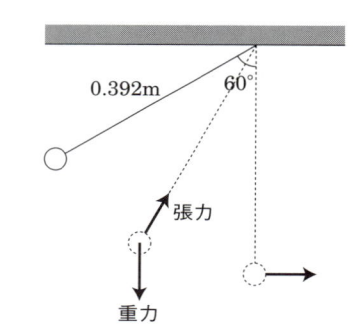

34 力学的エネルギーの保存 🔑 15

なめらかな水平面上で，ばねにつけられた物体が運動するとき，物体にはたらく力は重力と弾性力，垂直抗力であり，物体に仕事をしているのは (⑳　　　) 力のみであるから，力学的エネルギーは保存 (㉑　　　)。

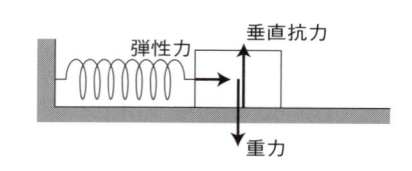

35 力学的エネルギーの保存 🔑 15

保存力以外の力が仕事をする物体の運動では，力学的エネルギーは保存 (㉒　　　)。物体のもつ力学的エネルギーは，保存力以外の力のした仕事だけ (㉓　　　) する。

28　1編　運動とエネルギー

テストによく出る問題を解こう！

答➡別冊 p.15

26 ［仕事の原理］ 必修

図のように，なめらかな水平面上に，なめらかな斜面をもった台 ABCD が固定されている。面 BC は水平で水平面からの高さは 10m である。斜面 AB は水平面と 30°の角度をなしている。質量 5.0kg の物体を，A から B に運ぶ仕事を考える。物体の大きさは無視でき，重力加速度の大きさを 9.8m/s² として，以下の問いに答えよ。

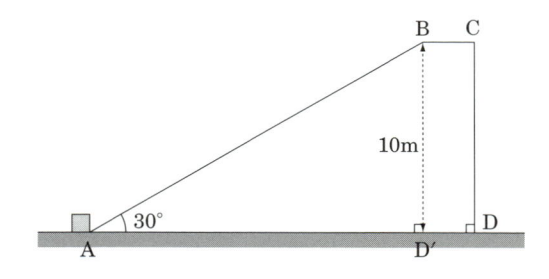

(1) 斜面 AB を使って A から B にもち上げるときの仕事は何 J か。

(2) 水平面上を A から B の真下の D′ まで運ぶときの仕事は何 J か。

(3) D′ から B まで鉛直方向にもち上げるときの仕事は何 J か。

(4) A から D′ を経由して B まで運ぶときの仕事は何 J か。

27 ［仕事と運動エネルギー］

水平面上に置かれた質量 2.0kg の物体に，水平方向に 9.8N の力を加え，4.0m 引っ張った。物体と面との動摩擦係数を 0.40，重力加速度の大きさを 9.8m/s² として，以下の問いに答えよ。

(1) 9.8N の力のした仕事は何 J か。

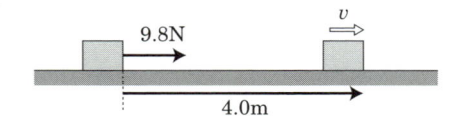

(2) 重力のした仕事は何 J か。

(3) 垂直抗力のした仕事は何 J か。

(4) 摩擦力のした仕事は何 J か。

(5) 物体に加えられた仕事は何 J か。

(6) 9.8N の力を加え，4.0m 引っ張られたときの物体の速さは何 m/s か。

28 [力学的エネルギーの保存] テスト

水平面と θ の角度をなすなめらかな斜面がある。斜面上のB点から高さ h [m]の点Aに質量 m [kg]の物体を置いて静かにはなした。重力加速度の大きさを g [m/s²]，重力による位置エネルギーの基準点がB点であるとして，以下の問いに答えよ。

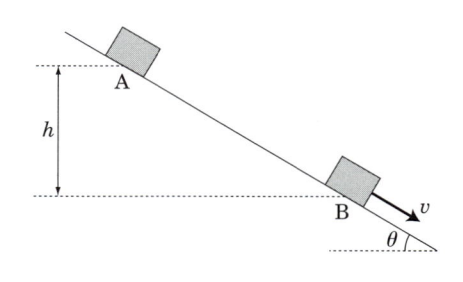

(1) 点Aにおける物体のもつ重力による位置エネルギーを記せ。

(2) 点Aにおける物体のもつ運動エネルギーを記せ。

(3) 点Aにおける物体のもつ力学的エネルギーを記せ。

(4) 点 B における物体のもつ重力による位置エネルギーを記せ。

(5) 点 B における物体の速さを v [m/s] として、物体のもつ運動エネルギーを記せ。

(6) 点 B における物体のもつ力学的エネルギーを記せ。

(7) 点 B における物体の速さ v を h, g を用いて表せ。

29 [力学的エネルギーの保存(曲面)] 必修

曲面 AB が点 B、曲面 CD が点 C において、水平面 BC となめらかに接続されている。水平面から高さ h [m] の曲面上の点 E から、質量 m [kg] の小物体を静かにはなし運動させた。面と物体との摩擦は無視でき、物体は回転することなく面上を運動する。重力加速度の大きさを g [m/s^2]、重力による位置エネルギーの基準点を水平面 BC として、以下の問いに答えよ。

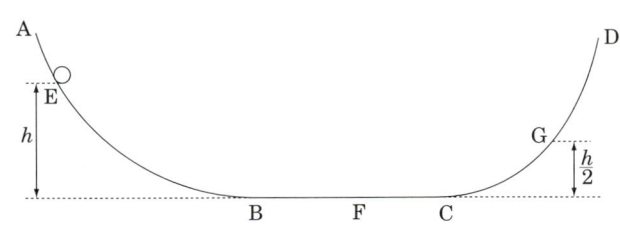

(1) 物体が点 E にあるときの力学的エネルギーを記せ。

(2) 物体が水平面上の点 F を通過するときの速さを v_1 [m/s] としたとき、物体が点 F にあるときの力学的エネルギーを記せ。

(3) 物体が水平面上の点Fを通過するときの速さv_1を，h, gを用いて表せ。

(4) 物体が水平面BCから高さ$\dfrac{h}{2}$[m]にある曲面CD上の点Gを通過するときの速さをv_2[m/s]としたとき，物体が点Gにあるときの力学的エネルギーを記せ。

(5) 物体が水平面上の点Gを通過するときの速さv_2を，h, gを用いて表せ。

(6) 物体は曲面CD上をどの高さまで上がることができるか。水平面BCからの高さで答えよ。

30 [力学的エネルギーの保存(振り子)] 必修

図のように，軽くて伸び縮みしない長さl[m]の糸の一端に，大きさの無視できる質量m[kg]の物体をつるしたところ，物体はA点で静止した。物体をA点から糸をたるませずに，鉛直方向とθ傾けた点Bまで移動してから，物体を静かにはなした。重力加速度の大きさをg[m/s^2]，重力による位置エネルギーの基準点がO点であるとして，以下の問いに答えよ。

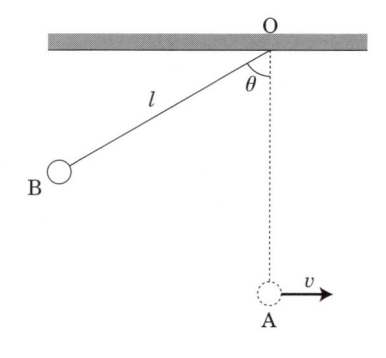

(1) 点Bにおける物体のもつ力学的エネルギーを記せ。

(2) 点Aを通過するときの速さをv[m/s]としたとき，点Aにおける物体のもつ力学的エネルギーを記せ。

(3) 点Aを通過するときの速さvを，l, g, θを用いて表せ。

31 [力学的エネルギーの保存(ばね)] ミニテスト

ばね定数 k [N/m] のばねに，質量 m [kg] の物体をつるした。ばねの質量は無視でき，重力加速度の大きさを g [m/s^2] として，以下の問いに答えよ。

(1) つり合いの位置 A に物体が静止しているときの，ばねの伸びの長さ x_0 [m] を，k, m, g を用いて表せ。

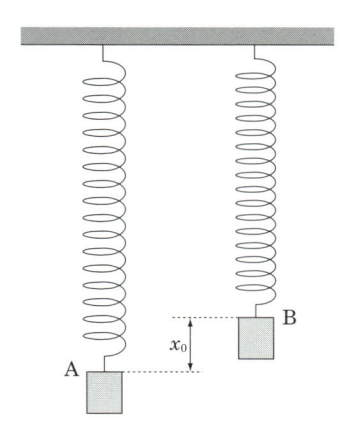

物体を，ばねが自然の長さになる位置 B まで鉛直方向にもち上げて静かに手をはなした。手をはなした位置 B を位置エネルギーの基準点とする。

(2) 位置 B における力学的エネルギーを記せ。

(3) 位置 A を通過するときの物体の速さを v [m/s] として，位置 A における力学的エネルギーを記せ。

(4) 位置 A を通過するときの物体の速さ v を，k, m, g を用いて表せ。

(5) ばねがもっとも伸びたときの，ばねの伸びの長さ x [m] を，k, m, g を用いて表せ。

ヒント 弾性エネルギー，運動エネルギー，位置エネルギーの和が一定であることを使う。

32 [力学的エネルギーの保存(曲面とばね)] 難

次の図のように，曲面 AB が B 点において水平面 BC となめらかに接続されている。水平面 BC には，ばね定数 k [N/m] の軽いばねの一端が C 点に固定されている。ばねの他端に質量 m [kg] の小物体を添え，ばねを x [m] 縮めてから静かにはなした。面と物体と

の摩擦は無視でき，重力加速度の大きさを g [m/s²]，重力による位置エネルギーの基準点を水平面 BC として，以下の問いに答えよ。

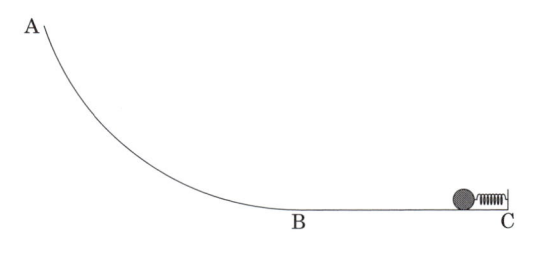

(1) ばねを x 縮めたときの力学的エネルギーを記せ。

(2) ばねが自然の長さに戻ったときの物体の速さを v [m/s] として，このときの力学的エネルギーを記せ。

(3) ばねが自然の長さに戻ったときの物体の速さ v を，m，k，x を用いて表せ。

(4) 物体は曲面上を登っていく。物体が水平面から高さ h [m] まで登ったとして，このときの力学的エネルギーを記せ。

(5) 物体が登った最高点の高さ h を，m，k，x，g を用いて表せ。

33 ［力学的エネルギーの保存（水平投射）］

高さ H [m] のビルの上から，水平方向に速さ v_0 [m/s] で質量 m [kg] の小物体を投げ出した。重力加速度の大きさを g [m/s²]，地面の高さを 0 として，以下の問いに答えよ。

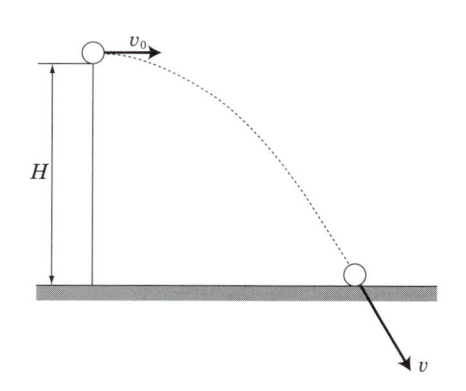

(1) 投げ出した点における，小物体の力学的エネルギーを記せ。

(2) 小物体が地面に衝突する直前の速さを v [m/s] としたとき,小物体が地面に衝突する直前の力学的エネルギーを記せ。

(3) 小物体が地面に衝突する直前の速さ v を,H,v_0,g を用いて表せ。

34 [力学的エネルギーの保存(摩擦のある面)] 難

水平面と θ の角度をなす斜面上の A 点に,質量 m [kg] の物体を置いて静かにはなしたところ,物体は斜面上をすべり降りた。斜面に沿って距離 L [m] 低い B 点を物体が通過するときの速さ v [m/s] を求めたい。物体と斜面との動摩擦係数を μ,重力加速度の大きさを g [m/s²],重力による位置エネルギーの基準点が B 点であるとして,以下の問いに答えよ。

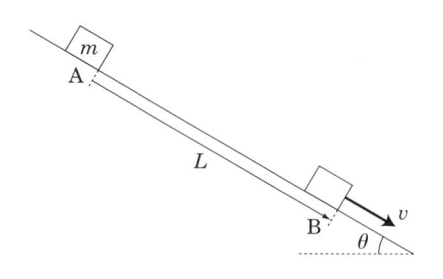

(1) A 点における力学的エネルギー E_A [J] を m,g,L,θ を用いて記せ。

(2) B 点における力学的エネルギー E_B [J] を m,v を用いて記せ。

(3) 物体が A 点から B 点に移動する間に,摩擦力のした仕事 W [J] を m,g,L,μ,θ を用いて記せ。

(4) E_A,E_B,W の間に成り立つ式を記せ。

(5) (1)〜(4)の結果を用いて,B 点を物体が通過するときの速さ v を,g,L,μ,θ を用いて記せ。

ヒント (4) 力学的エネルギーは摩擦力のした仕事の分だけ変わる。

5章 熱とエネルギー

16 □ 温度と熱

比熱 c〔J/(g·K)〕の物質 m〔g〕の温度を t〔K〕上げるのに必要な**熱量** Q〔J〕は，
$$Q=mct$$

熱容量 C〔J/K〕の物体の温度を t〔K〕上げるのに必要な**熱量** Q〔J〕は，
$$Q=Ct$$

17 □ 熱量保存

熱は高温物体から低温物体に流れる。外部との熱のやりとりがなければ，高温物体の失った熱量と低温物体の得た熱量は等しい。

高温物体の失った熱量 ＝ 低温物体の得た熱量

18 □ 内部エネルギー

気体のもつ内部エネルギーは，温度が高いほど大きく，温度のみによって決まる。

19 □ 気体のする仕事

気体が圧力 p〔Pa〕を一定に保ちながら，体積を ΔV〔m³〕膨張させたとき，気体がした**仕事** W〔J〕は，$W=p\Delta V$

20 □ 熱力学の第1法則

気体に Q〔J〕の熱と W〔J〕の仕事が加えられたとき，気体の**内部エネルギーの増加量** ΔU〔J〕は，$\Delta U=Q+W$ である。これを**熱力学の第1法則**という。

21 □ 熱効率

●気体のする仕事 W が与えられている場合

熱機関において，Q〔J〕の熱を加えられたとき W〔J〕の仕事をしたとすれば，その熱機関の**熱効率** e〔％〕は，
$$e=\frac{W}{Q}\times100$$

●気体への熱の出入りが与えられている場合

熱機関において，高温物体から Q_1〔J〕の熱が与えられ，低温物体に Q_2〔J〕の熱を放出したとき熱機関のした仕事は Q_1-Q_2〔J〕であるから，熱機関の熱効率 e〔％〕は，
$$e=\frac{Q_1-Q_2}{Q_1}\times100$$

> 熱力学の第1法則が基本になるよ。

基礎の基礎を固める！

( )に適語を入れよ。　答➡別冊 p.19

36 比　熱　⌀16

比熱とは，質量(①　　　　)g の物質の温度を(②　　　　)K 上昇させる熱量である。比熱の大きい物質ほど温度の変化が(③　　　　)。比熱 0.38J/(g·K) の物質 100g の温度を 20℃ から 40℃ に上昇させるために必要な熱量は(④　　　　)J である。

37 熱容量　⌀16

熱容量とは，物体の温度を(⑤　　　　)K 上昇させる熱量である。熱容量の大きい物体ほど温度の変化が(⑥　　　　)。熱容量 50J/K の物体の温度を 10℃ から 90℃ に上昇させるために必要な熱量は(⑦　　　　)J である。

38 熱平衡　⌀17

容器の中に液体を入れ，液体の温度を測ったところ，液体の温度は 15℃ であった。このとき容器の温度は(⑧　　　　)℃ である。高温の物体と低温の物体を接触させておくと，(⑨　　　　)の物体から(⑩　　　　)の物体に熱は流れ，物体の温度が(⑪　　　　)なると熱の流れは止まる。

39 熱量保存　⌀17

温度が 80℃ の物質 100g を，20℃ で 200g の水の中に入れたところ，水の温度は 23℃ になった。このとき物質の温度は(⑫　　　　)℃ となっているので，物質の比熱を $c\text{〔J/(g·K)〕}$ とすれば，物質の放出した熱量は(⑬　　　　)J である。また，水の比熱を 4.2J/(g·K) とすれば，水の得た熱量は(⑭　　　　)J である。ただし，容器などに逃げる熱は無視できるものとする。このとき，物質の放出した熱量と水の得た熱量は(⑮　　　　)ので，物質の比熱は $c=$(⑯　　　　)J/(g·K) と求められる。

40 潜熱・融解熱　⌀17

0℃ で 200g の氷が融けて，すべて 0℃，200g の水になるために必要な熱量は(⑰　　　　)J である。ただし，氷の融解熱は $3.4\times10^2\text{J/g}$ である。

41 潜熱・蒸発熱 ○→17

100℃で150gの水が100℃の水蒸気になるために必要な熱量は(⑱　　　)Jである。ただし、水の蒸発熱は2.3×10^3 J/gである。

42 気体のする仕事 ○→19

圧力1.0×10^5Paを一定に保ち、気体の体積を0.010m^3から0.020m^3に膨張させたとき、気体のした仕事は(⑲　　　)Jである。

43 気体のする仕事 ○→19

図のように、縦軸に圧力p〔Pa〕、横軸に体積V〔m^3〕をとり、気体の定圧変化をグラフで表すと、横軸に平行な直線ABで表される。気体の圧力が$p_0=1.0\times10^5$Paで体積が$V_1=1.0\times10^{-2}\text{m}^3$から$V_2=2.0\times10^{-2}\text{m}^3$に増加したとき、体積の増加量は$\Delta V=$(⑳　　　)$\text{m}^3$であるから、気体のした仕事$W$は$W=$(㉑　　　)Jとなる。これから、$p-V$図の影の部分の(㉒　　　)が、このときの気体のした仕事を表していることがわかる。

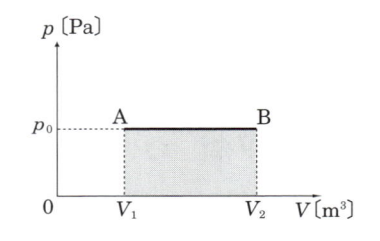

44 熱力学の第1法則 ○→20

気体のもつ内部エネルギーは、外から熱を加えると(㉓　　　)し、外に熱を放出すると(㉔　　　)する。また、気体が外に仕事をすると(㉕　　　)し、外から仕事をされると(㉖　　　)する。

気体が外から100Jの熱を加えられたとき、気体が膨張して60Jの仕事をしたとすれば、気体のもつ内部エネルギーは(㉗　　　)Jだけ増加する。

45 熱効率 ○→21

2.0×10^4Jの熱を加えたときに、4.0×10^3Jの仕事をする熱機関がある。この熱機関の熱効率は(㉘　　　)%である。

テストによく出る問題を解こう！

答⇒別冊 p.19

35 [熱量]

−20℃の氷 200g に一定の割合で熱を加え続ける実験を行い，横軸に時間をとり温度変化をグラフにした。氷の比熱を 2.1J/(g·K)，水の比熱を 4.2J/(g·K)，氷の融解熱を $3.4×10^2$ J/g，水の蒸発熱を $2.3×10^3$ J/g，加えた熱はすべて氷や水に与えられるものとし，氷の融解は 0℃，水の蒸発は 100℃のみで行われるものとして，以下の問いに答えよ。

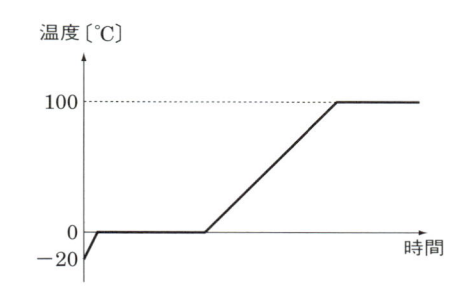

(1) −20℃の氷が 0℃の氷になるために必要な熱量は何 J か。

(2) 0℃の氷が 0℃の水になるために必要な熱量は何 J か。

(3) 0℃の水が 100℃の水になるために必要な熱量は何 J か。

(4) 100℃の水が 100℃の水蒸気になるために必要な熱量は何 J か。

(5) −20℃の氷 200g がすべて 100℃の水蒸気になるために必要な熱量は何 J か。

36 [比熱の測定] 必修

図のように，容器に水を m [g] 入れ，しばらくしてから温度を測定したところ，t_1 [℃] で安定していた。この水の中に t_2 [℃] に温めた金属 M [g] を入れ，水をよくかき混ぜながら温度を測定したところ，水の温度は t_3 [℃] で安定した（最高の温度になった）。水の比熱を c_0 [J/(g·K)]，容器の熱容量を C [J/K] として，以下の問いに答えよ。

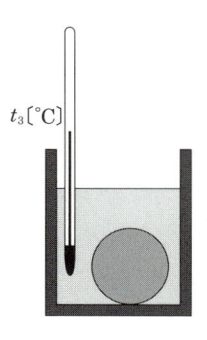

(1) 金属を入れる前の容器の温度は何℃か。また，そのように考えた理由を述べよ。

(2) 金属の比熱を $c\,[\mathrm{J/(g\cdot K)}]$ として，金属の放出した熱量を記せ。

(3) 水の得た熱量を記せ。

(4) 容器の得た熱量を記せ。

(5) 金属の比熱 c を，c_0, C, t_1, t_2, t_3, m, M を用いて記せ。

37 ［熱力学の第1法則］

なめらかに動くことができるピストンのついたシリンダーの中に，気体が封入されている。図のように，シリンダーを鉛直方向に立て，ピストンの上に質量 10kg のおもりが置かれている。このとき，シリンダーの底面からピストンまでの距離は 0.50m で，シリンダーの断面積は $4.9\times10^{-3}\,\mathrm{m}^2$ である。ピストンの質量は無視でき，大気圧を $1.0\times10^5\,\mathrm{Pa}$，重力加速度の大きさを $9.8\,\mathrm{m/s}^2$ として，以下の問いに答えよ。

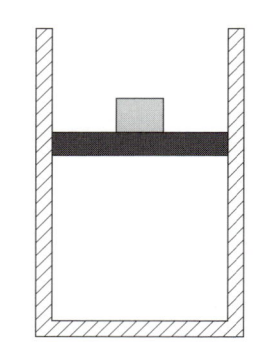

(1) 気体の圧力を求めよ。

気体に 147J の熱を加えたところ，ピストンが 0.10m 上昇した。

(2) このとき，シリンダー内の気体のした仕事を求めよ。

(3) シリンダー内の気体の内部エネルギーの増加量を求めよ。

入試問題にチャレンジ！

答⇒別冊 p.20

5 図のように，斜面と水平面がなめらかにつながっている。水平面には，ばね定数 k 〔N/m〕の質量が無視できるばねがあり，その右端は壁に固定されている。ばねは自然の長さで静止している。また，水平面上の BC 間以外はすべて摩擦のないなめらかな面となっている。

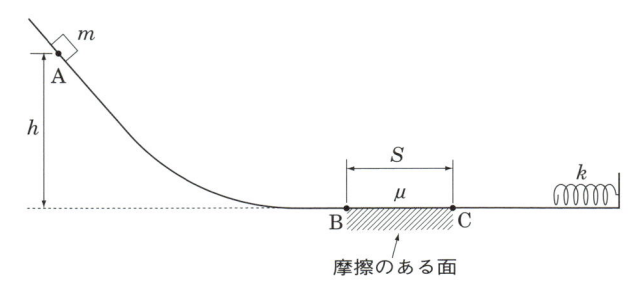

いま，水平面から高さ h 〔m〕の斜面上の点 A に大きさが無視できる質量 m 〔kg〕の小物体を置き，静かに手をはなしたところ，小物体は斜面をすべっていった。このとき，以下の □ に入れるのに適した数式を答えよ。ただし，水平面上の BC 間は距離 S 〔m〕の摩擦のある粗い面となっており，小物体と粗い面の間の動摩擦係数は μ とする。また，重力加速度の大きさは g 〔m/s²〕とし，空気の抵抗は無視できるとする。なお，□ に入れる数式に用いてよい記号は，与えられた量の記号 k, h, m, S, μ, g のみとする。

重力による位置エネルギーの基準面を水平面上に取ると，力学的エネルギー保存の法則により，点 A に静止している状態の小物体がもつ位置エネルギーは，この小物体が斜面をすべり降り，点 B に達する直前の小物体がもつ運動エネルギーと等しくなる。よって，点 B に達する直前の小物体の速さを v_B とすると，$v_B =$ □ ア 〔m/s〕となる。

次に，この小物体が BC 間を通過する際に，小物体が受ける摩擦力の大きさは，□ イ 〔N〕であるので，小物体が BC 間を通過する間に失う力学的エネルギーは □ ウ 〔J〕となる。したがって，点 C を通過した直後の小物体がもつ力学的エネルギーは □ エ 〔J〕となる。また，点 C を通過した直後の小物体の速さを v_C とすると，$v_C =$ □ オ 〔m/s〕となる。

点 C を通過した小物体は水平面上でばね側へ運動を続けてばねに衝突した。衝突によってばねは自然の長さから x 〔m〕だけ縮んで小物体の速さは 0 になった。このとき，力学的エネルギー保存の法則により，

$$\boxed{\text{エと同じ}} = \boxed{\text{カ}} \cdot x^2$$

の関係が成り立ち，$x =$ □ キ 〔m〕となる。

（北九州市大）

6 図1のように，質量の無視できるばね(ばね定数 k)の一端を固定し，他端に質量 m のおもりをつけてぶらさげたところ，おもりはばねが x_0 伸びたところで静止した。

空気抵抗は無視できるとし，重力加速度の大きさを g として，以下の問いに答えよ。ただし，ばねの伸びは鉛直下向きを正とする。

(1) x_0 はいくらになるか。

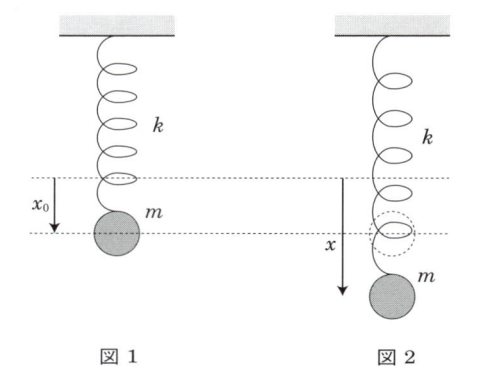

次に，静止しているおもりに，下向きに初速度 v_0 を与えたところ，おもりは振動を始めた。

(2) おもりが運動を始めた瞬間の，おもりの力学的エネルギーはいくらになるか。m，k，g，v_0，x_0 を用いて答えよ。ただし，重力による位置エネルギー，ばねの弾性力による位置エネルギーの両方とも，ばねが自然長であるとき0(ゼロ)であるとする。

(3) 図2のように，ばねの伸びが x であるときのおもりの速さを v とする。このときのおもりの力学的エネルギーはいくらになるか。m，k，g，v，x を用いて答えよ。

(4) ばねの伸びの最大値を求めよ。また，そのときのおもりの速さも求めよ。

(長岡技術科学大)

7 ある長さの糸に質量 m [kg]のおもりをつけ，天井Oからたらして A の位置に静止させた。これを図のように A から高さ h_1 [m]の B の位置まで，糸のたるみがないように持ち上げ，静止させた。このとき，糸とのなす角度は θ であった。

B でおもりをはなしたとき，図のように O から OA 方向に少し離れた場所 D に釘が打たれている場合の運動を考える。ただし，重力加速度の大きさを g [m/s²]とする。

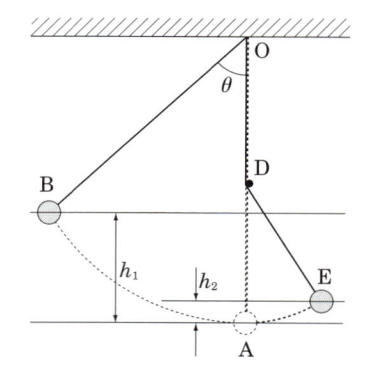

(1) B から運動して A を通過し，図のように A からの高さが h_2 [m](ただし，$h_2 < h_1$)の E に到達したとき，おもりの速さ v はどのように表されるか。

(2) A を通り過ぎた後のおもりは，どこまで上がるか，簡潔に説明せよ。

(大分大)

⑧ 図のように，熱容量 50J/K の熱量計に水 200g を入れ，十分に時間が経った後に水の温度を測定すると，18.9℃であった。

この水の中に 100.0℃に熱した質量 50g の金属球をすばやく入れ，水をゆっくりとかくはんしたところ，水の温度は 20.9℃になった。ただし，この間，熱量計と外部との間に熱の出入りはなく，水の比熱を 4.2J/(g・K)とする。

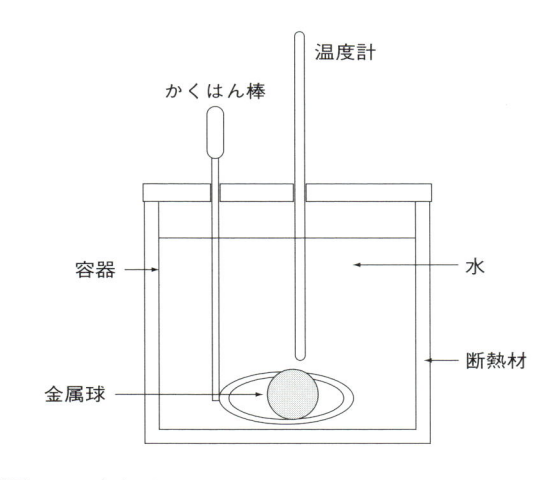

(1) 金属球から水と熱量計に移動した熱量〔J〕はいくらか。

(2) 金属球の比熱〔J/(g・K)〕はいくらか。

上の実験をもう 1 回行った。今回は 100.0℃に熱した金属球を熱量計にすばやく入れることができなかったので，金属球が少し冷えてしまった。そのために，かくはん後の水の温度が 20.7℃であった。

(3) 金属球の温度〔℃〕はいくらであったか。

(関東学院大)

⑨ 気体の状態変化について，以下の文章中の空欄 (1) ～ (5) にあてはまる最も適切な語句を選択肢から選べ。

なめらかに移動できるピストンを持つ円筒形のシリンダーの内部に気体を封入し，気体の圧力を一定に保った状態で熱量を加えた。このとき，気体の体積は (1) 。したがって，気体は (2) 。熱の出入りがない状態で気体を圧縮したとき，気体の体積は (3) ので，気体は (4) 。このとき，気体の温度は (5) 。

【解答の選択肢】
(1) , (3) の選択肢
　① 大きくなる　　② 小さくなる　　③ 変わらない
(2) , (4) の選択肢
　① 外部に対して仕事をする　　② 外部から仕事をされる　　③ 仕事をしない
(5) の選択肢
　① 上がる　　② 下がる　　③ 変わらない

(中京大)

2編 波・電気・原子とエネルギー

1章 波の表し方

1 □ 波を表すいろいろな量
- **波長** となり合う山と山（谷と谷）の距離を<u>波長</u>という。
- **振幅** 山の高さ，または谷の深さを<u>振幅</u>という。
- **周期** 媒質が1回振動する時間を<u>周期</u>という。
- **振動数** 媒質が1秒間に振動する回数を<u>振動数</u>という。

2 □ 周期と振動数
波の周期を T [s] とすれば，1s を周期 T で割ると，1s 間に振動した回数が求められる。よって，波の振動数 f [Hz] は，

$$f = \frac{1}{T}$$

である。

3 □ 波の基本式
波は媒質が1回振動する時間（周期）T [s] に1波長 λ [m] 伝わるので，波の伝わる速さ v [m/s] は，

$$v = \frac{\lambda}{T} = f\lambda$$

となる。

> $f = \frac{1}{T}$ だから，$\frac{\lambda}{T} = f\lambda$ になる。

4 □ 縦波と横波
- **縦波**
  媒質の振動方向に伝わる波を<u>縦波</u>という。
- **横波**
  媒質の振動方向に垂直に伝わる波を<u>横波</u>という。

5 □ 縦波の横波表示
縦波の伝わる方向に x 軸をとったとき，<u>x 軸の正の向きの変位を y 軸の正の向き</u>にとり，縦波を横波の形で表す。横波表示されている縦波の疎密を知るためには，変位をもとの x 軸上に戻すとよい。

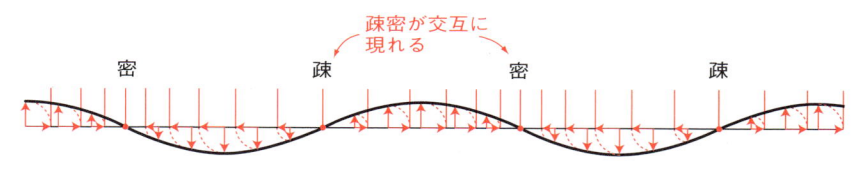

疎密が交互に現れる
密　疎　密　疎

基礎の基礎を固める！

( )に適語を入れよ。また,作図せよ。 答➡別冊 p.22

1 波を表すいろいろな量 🔑1

となり合う山と山の距離を (❶　　　　　), 山の高さを (❷　　　　　), 媒質が1回振動する時間を (❸　　　　　), 媒質が1秒間に振動する回数を (❹　　　　　) という。

2 縦波と横波 🔑4

媒質の振動方向に伝わる波を (❺　　　　　) といい, 媒質の振動方向に垂直に伝わる波を (❻　　　　　) という。

3 波のグラフ 🔑1

右の図のような波形の波がある。
この波の波長は (❼　　　　　) m,
振幅は (❽　　　　　) m である。

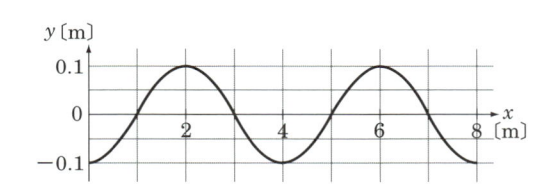

4 周期と振動数, 波の基本式 🔑2, 3

媒質の振動の周期が 0.20s の波の振動数は (❾　　　　　) Hz である。この波の波長が 1.0m であるとすれば, 波の伝わる速さは (❿　　　　　) m/s である。

5 縦波の横波表示 🔑5

縦波を横波表示に直すためには, 縦波の伝わる方向に x 軸をとったとき, x 軸の正の向きの変位を y 軸の (⓫　　　　　) の向きにとる。

6 縦波の横波表示 🔑5

図のように, 縦波の媒質の変位を矢印で表している。この縦波を横波表示で表せ。

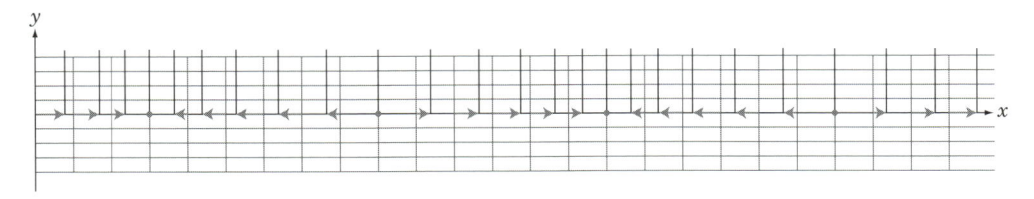

1章 波の表し方

テストによく出る問題を解こう！

答⇒別冊 p.22

1 ［波の基本式］

以下の問いに答えよ。

(1) 振動数が 400Hz で波長が 0.80m の波の伝わる速さは何 m/s か。

(2) 伝わる速さが 2.0m/s，波長が 0.50m の波の振動数は何 Hz か。また，媒質が振動する周期は何 s か。

(3) 振動数 10Hz の波が 20m/s の速さで伝わるとき，この波の波長は何 m か。

2 ［波の伝わり方］

図は時刻 0s における波形を描いている。この波は x 軸の正の方向に速さ 0.50m/s で伝わっている。以下の問いに答えよ。

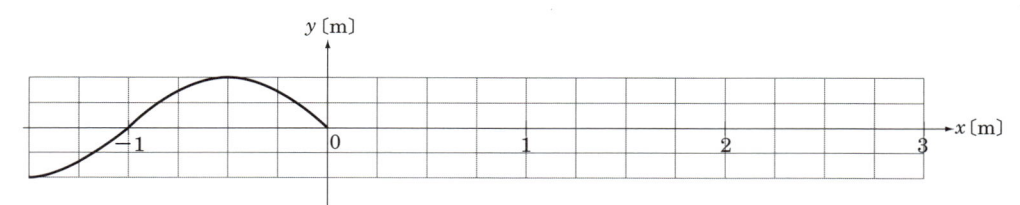

(1) 時刻 1s, 2s, 3s, 4s, 5s における波形を描け。（参考のために，時刻 0s における波形を破線で記してある。）

(2) この波の波長と振動数，周期を求めよ。

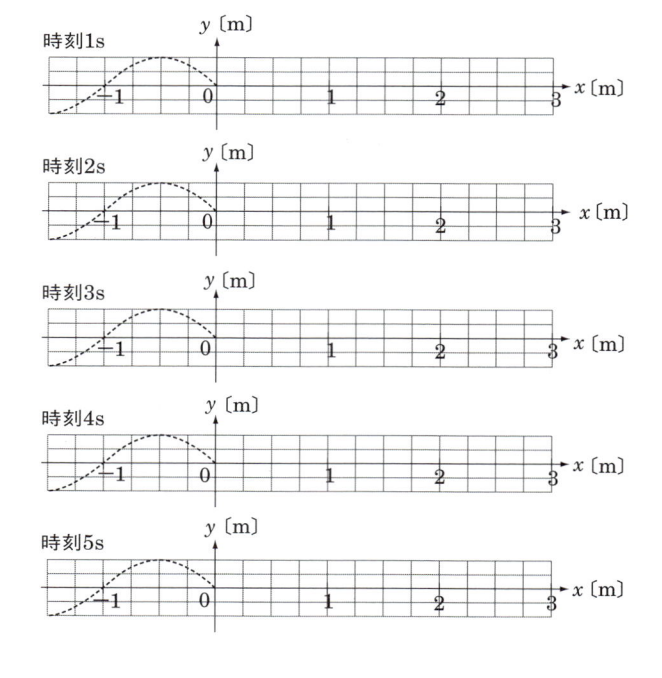

3 ［波を表すいろいろな量，波の伝わり方］ 必修

時刻 $0s$ において実線の位置にいた波が時刻 $0.6s$ に破線の位置まで伝わった。このとき，波の伝わった距離は波長より短く，波は x 軸の正の方向に伝わるものとして，以下の問いに答えよ。

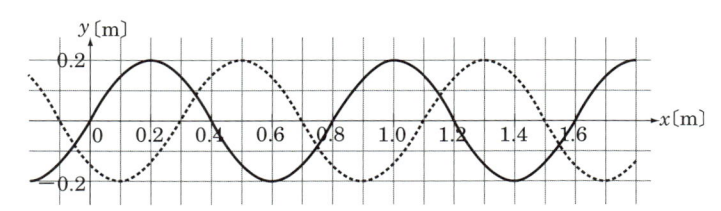

(1) この波の振幅，波長を求めよ。

(2) 波の伝わる速さは何 m/s か。

(3) 振動数と周期を求めよ。

(4) 時刻 $1.0s$ における波形を描け。

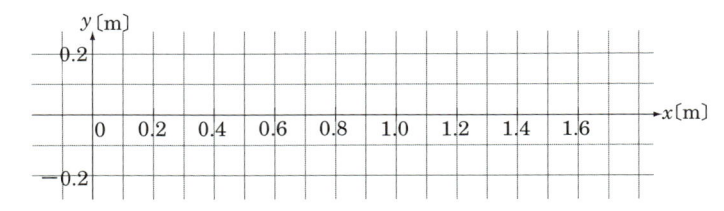

(5) 原点における媒質の変位の時間変化をグラフにせよ。

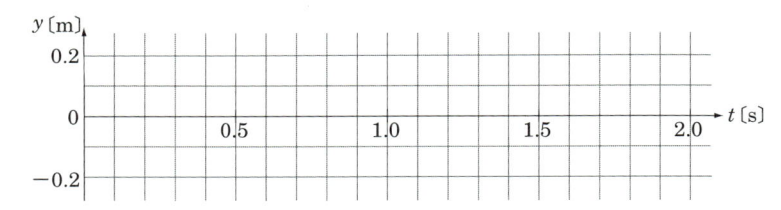

4 [縦波の横波表示] テスト

図は，時刻 $t=0$s における x 軸の正方向に伝わる縦波を横波表示したものである。波の伝わる速さを 300m/s として，以下の問いに答えよ。

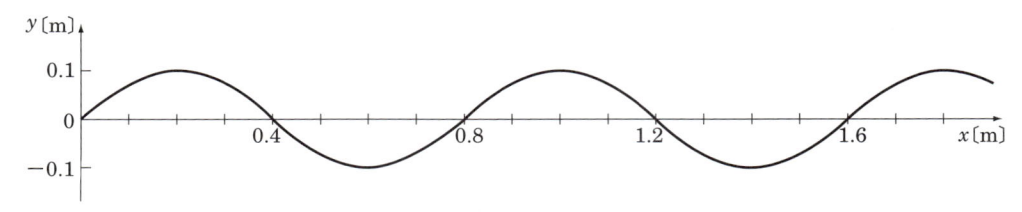

(1) 波長はいくらか。

(2) 振動数はいくらか。

(3) 時刻 $t=0$s において，密度のもっとも大きい場所はどこか。
$0 \leq x \leq 1.6$ の範囲で，x 座標を答えよ。

(4) 時刻 $t=0$s において，密度のもっとも小さい場所はどこか。
$0 \leq x \leq 1.6$ の範囲で，x 座標を答えよ。

(5) 時刻 $t=0$s において，媒質の振動の速さが 0 になる場所はどこか。
$0 \leq x \leq 1.6$ の範囲で，x 座標を答えよ。

(6) 時刻 $t=0$s において，媒質の振動の速さがもっとも速くなる場所はどこか。
$0 \leq x \leq 1.6$ の範囲で，x 座標を答えよ。

ヒント (3)(4) グラフと x 軸との交点に注目する。

5 [波を表すグラフ] 難

ある時刻において，図のように表される波がある。この波は，x軸の負の方向に速さ$0.50\,\text{m/s}$で伝わっている。以下の問いに答えよ。

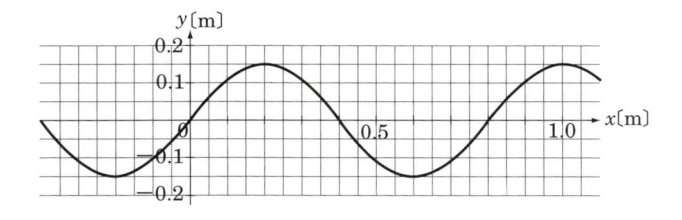

(1) この波の振幅と波長を求めよ。

(2) この波の振動数と周期を求めよ。

(3) 図の状態から$0.20\,\text{s}$後の波形をグラフに描け。

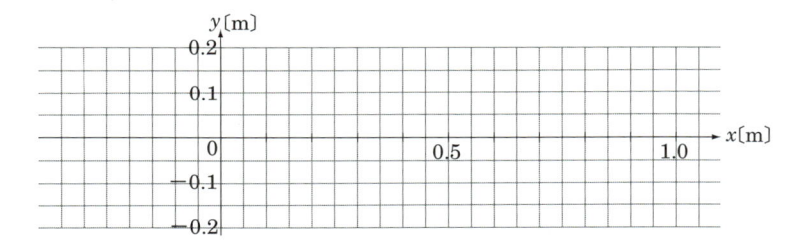

(4) 図の状態から$10\,\text{s}$後の波形をグラフに描け。

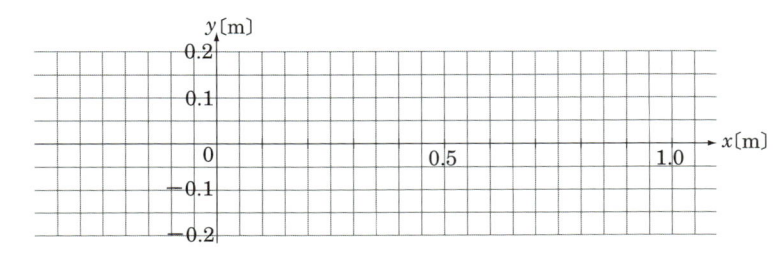

(5) 原点$x=0$における媒質の振動のようすをグラフに描け。

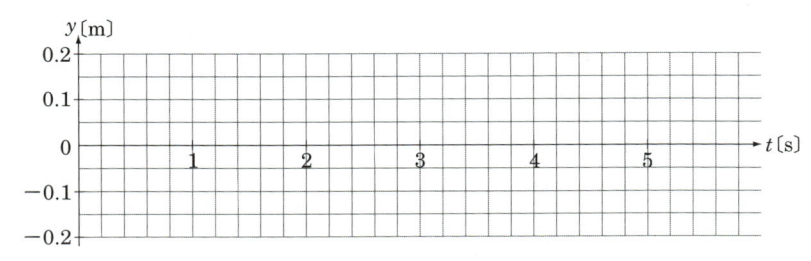

2章 波の性質

重ね合わせの原理が基本になるね。

6 □ 重ね合わせの原理

2つの波が重なり合ってできる波の変位 y は，それぞれの波の変位 y_1 と y_2 の和になる。

$$y = y_1 + y_2$$

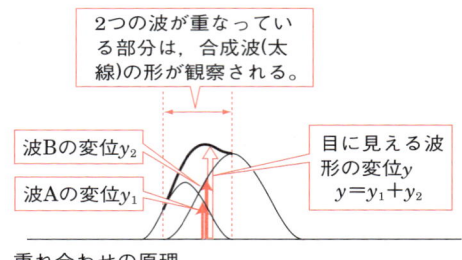

重ね合わせの原理

7 □ 定常波

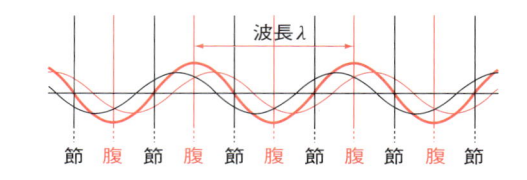

振動数，振幅が等しい逆方向に伝わる進行波の合成波は**定常波**になる。合成波がもっとも大きく振動する場所を**腹**，合成波の変位が常に0の場所を**節**という。定常波の振動数，波長は進行波の振動数，波長に等しく，定常波の振幅は進行波の振幅の2倍になる。

隣どうしの腹と節の距離は4分の1波長 $\left(\dfrac{\lambda}{4}\right)$ である。

8 □ 波の反射と位相の変化

●自由端反射

反射波の位相はずれない。入射波と反射波の合成波は自由端で**腹**になる。

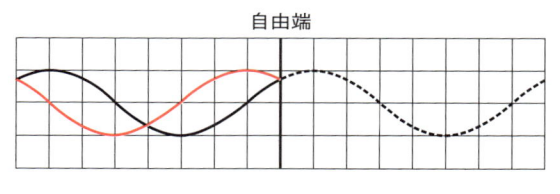

●自由端反射での反射波の作図

① 自由端の媒質のない側に，媒質がある場合の波形を作図する（破線）。

② ①で作図した波形を，自由端で線対称に折り返す（赤線）。

●固定端反射

反射波の位相が π ずれる。入射波と反射波の合成波は固定端で**節**になる。

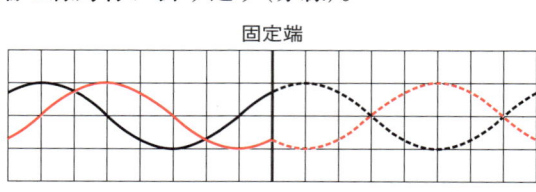

●固定端反射での反射波の作図

① 固定端の媒質のない側に，媒質がある場合の波形を作図する（黒色破線）。

② ①で描いた波形を上下に反転させる（赤色破線）。

③ ②で作図した波形を，固定端で線対称に折り返す（赤線）。

基礎の基礎を固める！

( )に適語を入れよ。また,作図せよ。　答→別冊 p.25

7　重ね合わせの原理　🔑 6

図のように,三角波Aと三角波Bが重なっているとき,合成波の形を作図せよ。

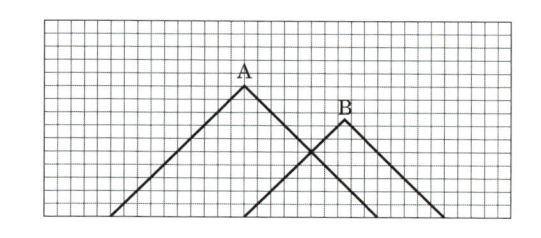

8　自由端反射　🔑 6, 8

図のように,x軸の正の方向に伝わる波が自由端で反射するとき,反射波の波形を破線で描け。また,入射波と反射波の合成波を実線で描け。この作図から,自由端では定常波の(❶　　　　　)になることがわかる。

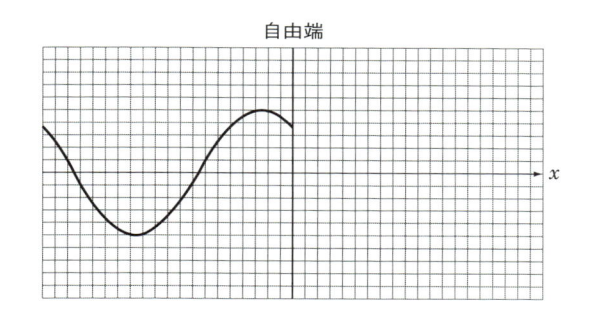

9　固定端反射　🔑 6, 8

図のように,x軸の正の方向に伝わる波が固定端で反射するとき,反射波の波形を破線で描け。また,入射波と反射波の合成波を実線で描け。この作図から,固定端では定常波の(❷　　　　　)になることがわかる。

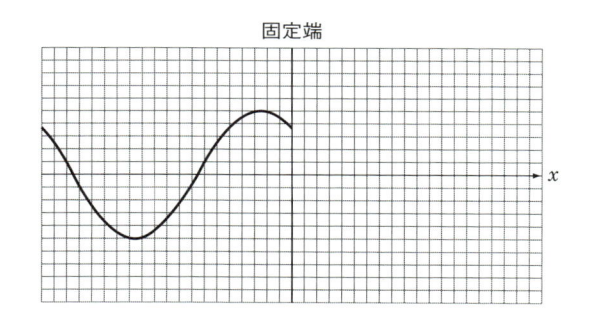

10　定常波　🔑 7

図のように,波長と振幅の等しい波が逆方向に伝わっていて定常波をつくる。この定常波の波長は(❸　　　　　)m,振幅は(❹　　　　　)mである。また,この定常波の腹の位置のx座標は(❺　　　　　),節の位置のx座標は(❻　　　　　)である。

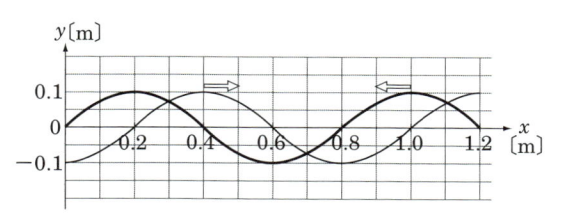

テストによく出る問題を解こう！

答➡別冊 p.26

6 [定常波] 必修

右の図のように，波長と振幅の等しい波が逆方向に伝わっている。実線の波は左に，破線の波は右に 1s 間で 1 目盛り分伝わっている。以下の問いに答えよ。ただし，目盛りの数値の単位は m である。

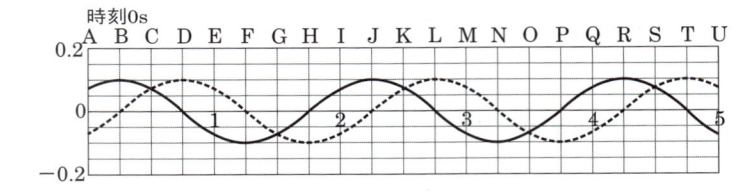

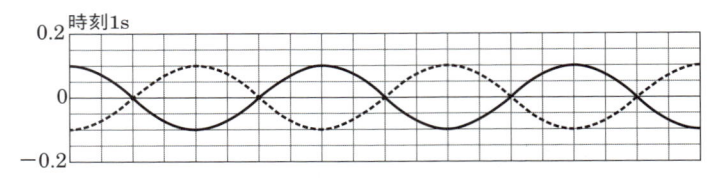

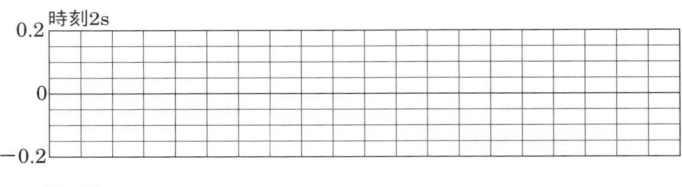

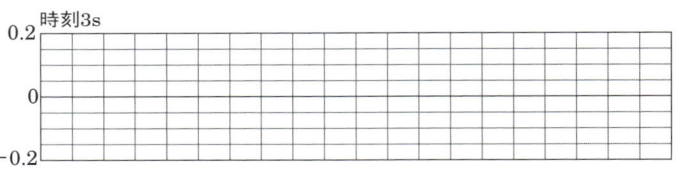

(1) 時刻 2s と 3s における実線と破線の波の波形を描け。

(2) 時刻 0s, 1s, 2s, 3s における波の合成波を描け。

(3) 合成波の波長と振幅，振動数を求めよ。

(4) 定常波の腹の位置を A ～ U の記号で答えよ。

(5) 定常波の節の位置を A ～ U の記号で答えよ。

7 [自由端反射] テスト

時刻 0s における波形が図のようになっている正弦波がある。この正弦波の伝わる速さは 2.0m/s で，x 軸の正の方向に伝わっている。$x=10.0$m の位置に反射板があり，波は自由端反射をした。
以下の問いに答えよ。

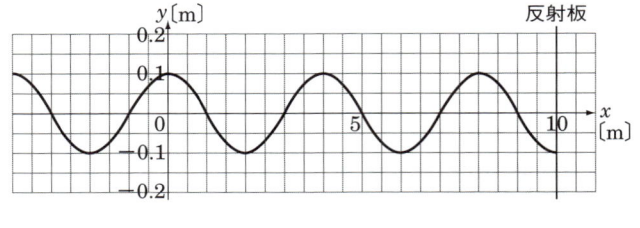

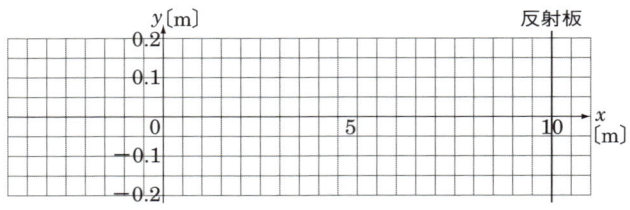

(1) 時刻 1.0s における入射波の波形を実線で，反射波の波形を破線で，入射波と反射波の合成波の波形を太い実線で描け。

(2) 時刻 5.5s における入射波の波形を実線で，反射波の波形を破線で，入射波と反射波の合成波の波形を太い実線で描け。

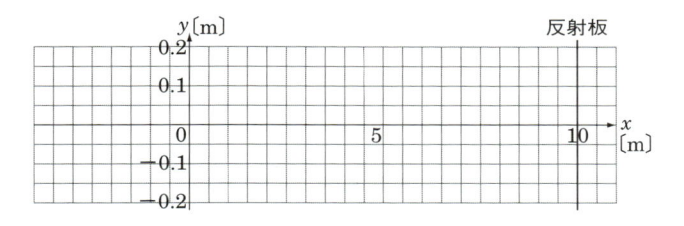

(3) $0 \leq x \leq 10$ の範囲で節の座標と腹の座標をすべて記せ。

> **ヒント** 自由端反射では反射波の位相は変化しない。

8 [固定端反射] 難

時刻 0s における波形が図のようになっている正弦波がある。この正弦波の伝わる速さは 2.0 m/s で，x 軸の正の方向に伝わっている。$x=10.0$ m の位置に反射板があり，波は固定端反射をした。以下の問いに答えよ。

(1) 時刻 6.0s における入射波の波形を実線で，反射波の波形を破線で，入射波と反射波の合成波の波形を太い実線で描け。

(2) 時刻 8.5s における入射波の波形を実線で，反射波の波形を破線で，入射波と反射波の合成波の波形を太い実線で描け。

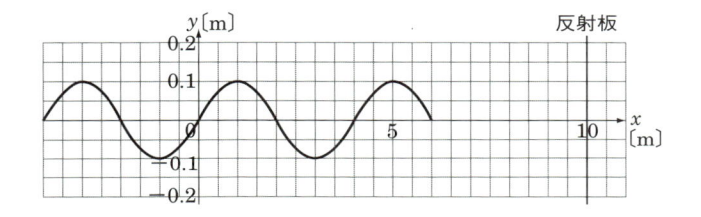

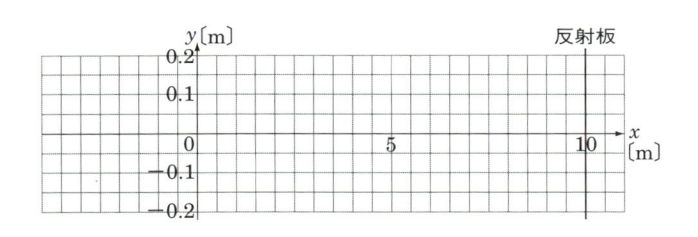

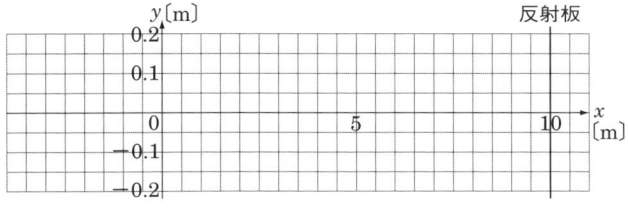

(3) 時刻 0s から十分に時間が経過したとき，$0 \leq x \leq 10$ の範囲で節の座標と腹の座標をすべて記せ。

> **ヒント** 固定端反射では位相が π 変化する。

3章 音波

9 音波とその要素

● 音の三要素
- 高さ…振動数の違い
- 強さ…振幅・振動数・密度の違い
- 音色…波形の違い

● 音の伝わる速さ

温度 t [℃] における，空気中を伝わる音の速さ V [m/s] は，

$$V = 331.5 + 0.6t$$

> 1オクターブ高い音は，振動数が2倍の音です。

10 うなり

振動数がわずかに異なる2つの音波が重なると，**うなり**を生じる。振動数 f_1 [Hz] と f_2 [Hz] の音波によるうなりの振動数（単位時間あたりのうなりの回数） n [Hz] は，

$$n = |f_1 - f_2|$$

11 弦の振動

● 弦の固有振動数

弦を振動させると，**両端が節の定常波**をつくる。波の伝わる速さが v [m/s] の弦の固有振動数 f_n [Hz] は，

$$f_n = \frac{nv}{2l} \quad (n = 1, 2, 3, \cdots)$$

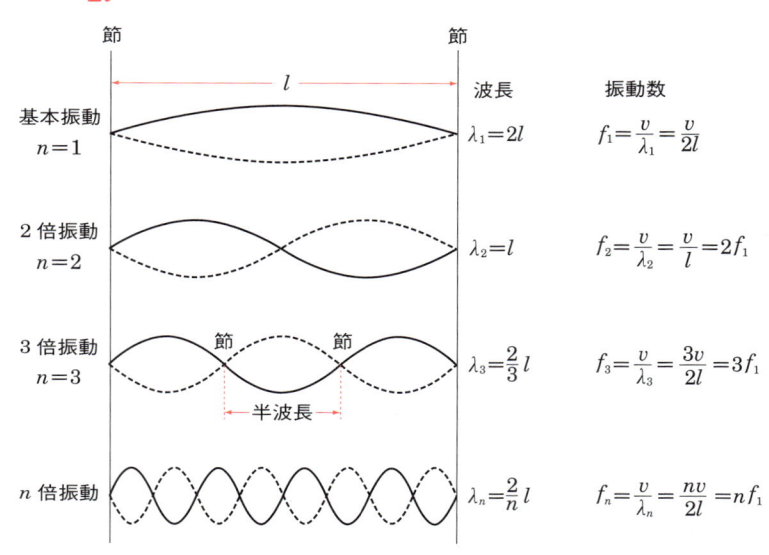

	波長	振動数
基本振動 $n=1$	$\lambda_1 = 2l$	$f_1 = \dfrac{v}{\lambda_1} = \dfrac{v}{2l}$
2倍振動 $n=2$	$\lambda_2 = l$	$f_2 = \dfrac{v}{\lambda_2} = \dfrac{v}{l} = 2f_1$
3倍振動 $n=3$	$\lambda_3 = \dfrac{2}{3}l$	$f_3 = \dfrac{v}{\lambda_3} = \dfrac{3v}{2l} = 3f_1$
n 倍振動	$\lambda_n = \dfrac{2}{n}l$	$f_n = \dfrac{v}{\lambda_n} = \dfrac{nv}{2l} = nf_1$

🔑 12 □ 気柱の振動

●開 管

開管の空気を振動させると，**両端が腹の定常波**をつくる。長さ l [m] の開管の固有振動数 f_n [Hz] は，音の伝わる速さを V [m/s] とすれば，

$$f_n = \frac{n}{2l} V \quad (n=1,\ 2,\ 3,\ \cdots)$$

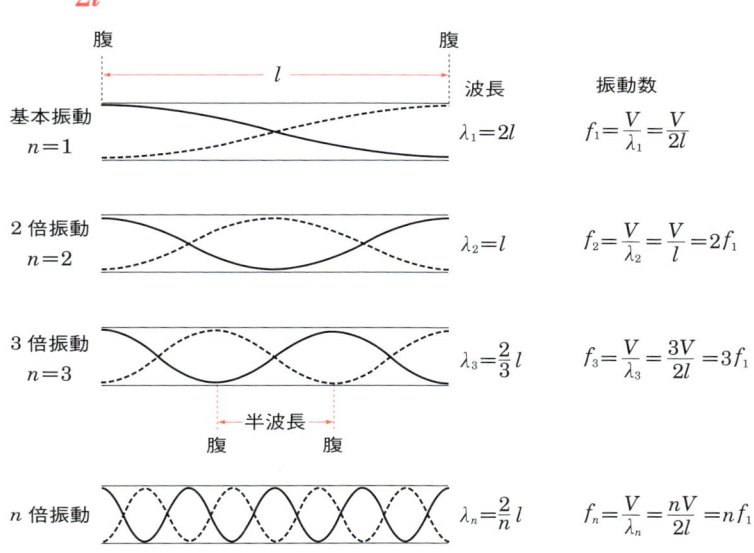

		波長	振動数
基本振動 $n=1$	腹 ←―― l ――→ 腹	$\lambda_1 = 2l$	$f_1 = \dfrac{V}{\lambda_1} = \dfrac{V}{2l}$
2倍振動 $n=2$		$\lambda_2 = l$	$f_2 = \dfrac{V}{\lambda_2} = \dfrac{V}{l} = 2f_1$
3倍振動 $n=3$	腹 ←半波長→ 腹	$\lambda_3 = \dfrac{2}{3} l$	$f_3 = \dfrac{V}{\lambda_3} = \dfrac{3V}{2l} = 3f_1$
n 倍振動		$\lambda_n = \dfrac{2}{n} l$	$f_n = \dfrac{V}{\lambda_n} = \dfrac{nV}{2l} = nf_1$

●閉 管

閉管の空気を振動させると，**管口が腹，閉端が節の定常波**をつくる。長さ l [m] の閉管の固有振動数 f_n [Hz] は，音の伝わる速さを V [m/s] とすれば，

$$f_n = \frac{2n-1}{4l} V \quad (n=1,\ 2,\ 3,\ \cdots)$$

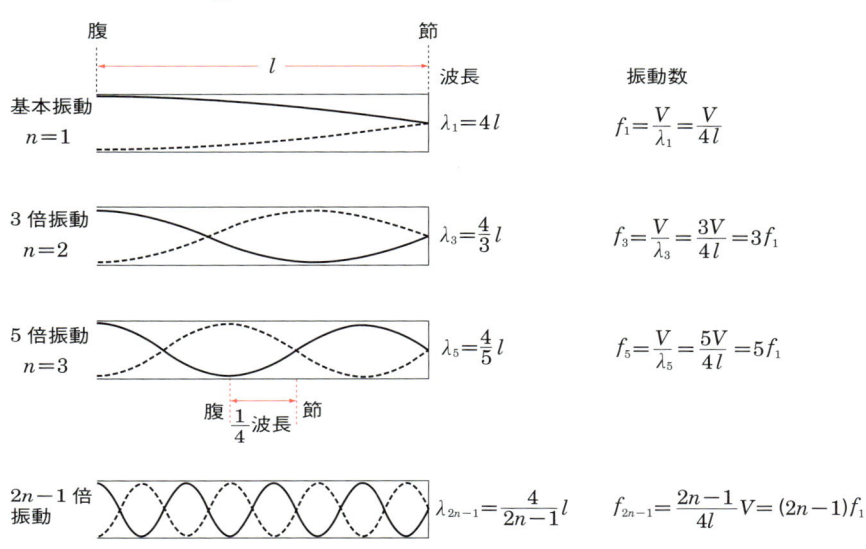

		波長	振動数
基本振動 $n=1$	腹 ←―― l ――→ 節	$\lambda_1 = 4l$	$f_1 = \dfrac{V}{\lambda_1} = \dfrac{V}{4l}$
3倍振動 $n=2$		$\lambda_3 = \dfrac{4}{3} l$	$f_3 = \dfrac{V}{\lambda_3} = \dfrac{3V}{4l} = 3f_1$
5倍振動 $n=3$	腹 $\frac{1}{4}$波長 節	$\lambda_5 = \dfrac{4}{5} l$	$f_5 = \dfrac{V}{\lambda_5} = \dfrac{5V}{4l} = 5f_1$
$2n-1$ 倍振動		$\lambda_{2n-1} = \dfrac{4}{2n-1} l$	$f_{2n-1} = \dfrac{2n-1}{4l} V = (2n-1)f_1$

3章 音波

基礎の基礎を固める！

（　）に適語を入れよ。また、作図せよ。　答➡別冊 p.27

11 音の三要素 ⚙9

音の三要素は、(①　　　)、(②　　　)、(③　　　)である。

12 音速 ⚙9

気温15℃の空気中を伝わる音の速さは(④　　　) m/s である。

13 うなり ⚙10

振動数 440Hz のおんさと 443Hz のおんさを同時に鳴らしたとき、1s 間に聞こえるうなりの回数は(⑤　　　)回である。

14 弦の振動 ⚙11

弦を弾いて音を出したとき、音の高さは弦の太さが太いほど(⑥　　　)、弦を強く張るほど(⑦　　　)なる。音の高さが高いほど振動数は(⑧　　　)。

15 弦の振動 ⚙11

弦にできる定常波の形を、振動数の小さいものから順番に3つ描け。また、その振動の呼び方を記せ。

(⑨　　　)振動

(⑩　　　)振動

(⑪　　　)振動

16 気柱の振動 ⚙12

管の気柱を基本振動させて音を出すと、管の長さが長いほど音の高さは(⑫　　　)なる。また、気柱の温度を高くすると、音の高さは(⑬　　　)なる。

17 気柱の振動 ⚙12

閉管と開管にできる定常波の形を横波表示で、振動数の小さいものから順番に3つ描け。

閉管　　　　　開管

テストによく出る問題を解こう！

答⇒別冊 p.28

9 ［音の伝わる速さ］ 必修

振動数 400Hz のおんさがある。このおんさの出す音波について，以下の問いに答えよ。

(1) 気温が 10.0℃ のとき，空気中を伝わる音の速さは何 m/s か。

(2) このときできる音波の波長は何 m か。

(3) 気温が 30.0℃ まで上がった。このときの空気中を伝わる音の速さは何 m/s か。

(4) このときできる音波の波長は何 m か。

10 ［弦の振動］ 必修

長さ 0.60m の弦に振動を加え，振動数を徐々に大きくしていったところ，振動数が 480Hz のとき，弦は大きく振動し基本振動の形になった。以下の問いに答えよ。

(1) 弦の定常波の波長は何 m か。

(2) 弦を伝わる波の速さは何 m/s か。

(3) 振動数をさらに大きくしていくと弦の振動は小さくなり，再び大きく振動を始めた。
　① 弦の定常波の波長は何 m か。

　② 弦に加えた振動数は何 Hz か。

3章 音波　57

11 ［気柱の振動］

図のように，両端の開いた長さ 0.77m の管の一端から振動を加えた。小さな振動数から振動数を徐々に大きくしていったところ，440Hz のときに初めて大きな音が聞こえた。
以下の問いに答えよ。

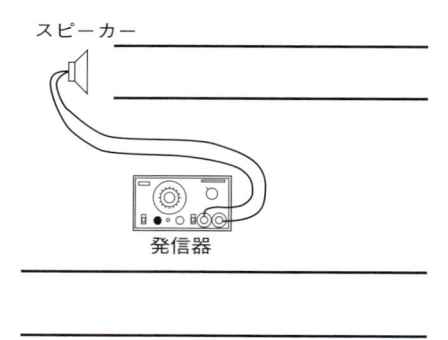

(1) このとき管にできる定常波の形を右図に描け。また，この定常波の波長は何 m か。

(2) さらに振動数を大きくしていくと，一度音が小さくなり，再び音が大きく聞こえるようになった。
　① 管にできる定常波の形を右図に描け。また，この定常波の波長は何 m か。

　② 加えた振動数は何 Hz か。

(3) 管内の気柱の温度を下げて振動を加えたとき，大きな音が聞こえる振動数の値はどのように変化するか，理由とともに述べよ。

　ヒント (3) 温度を下げると音速は小さくなる。

12 ［気柱の振動］

図のように，一端が閉じた長さ 0.60m の管の一端から振動を加えた。小さな振動数から振動数を徐々に大きくしていったところ，220Hz のときに初めて大きな音が聞こえた。
以下の問いに答えよ。

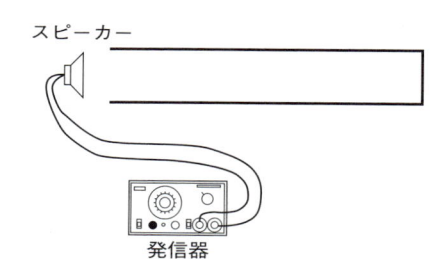

(1) このとき管にできる定常波の形を右図に描け。また，この定常波の波長は何 m か。

(2) さらに振動数を大きくしていくと，一度音が小さくなり，再び音が大きく聞こえるようになった。
  ① 管にできる定常波の形を右図に描け。また，この定常波の波長は何 m か。

  ② 加えた振動数は何 Hz か。

13 [気柱の共鳴実験] テスト

図のような気柱共鳴装置を用いて，おんさの振動数を求める実験を行った。おんさを叩いてから管口に近づけ，水面の位置を管口から徐々に下げていったところ，気柱の長さが **8.5cm** と **17.5cm** のときに共鳴し，大きな音を観測した。実験を行った場所の気温を測定したところ **20℃** であった。以下の問いに答えよ。

(1) このときの音速は何 m/s か。

(2) おんさのつくった音波の波長は何 m か。

(3) おんさの振動数は何 Hz か。

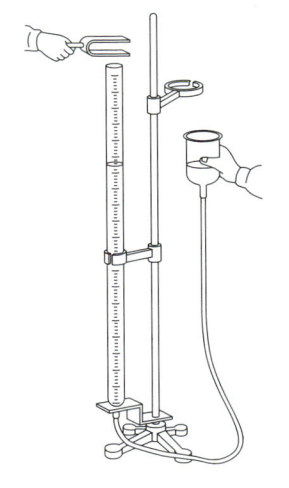

(4) 夕方になって再度実験を行ったところ，気温が 15℃ になっていた。昼に行った実験で共鳴した位置に対して，どのような変化が起こるかを理由とともに述べよ。

入試問題にチャレンジ！

答➡別冊 p.29

1 音波の問題について，音の速さを 340m/s として，以下の問いに答えよ。

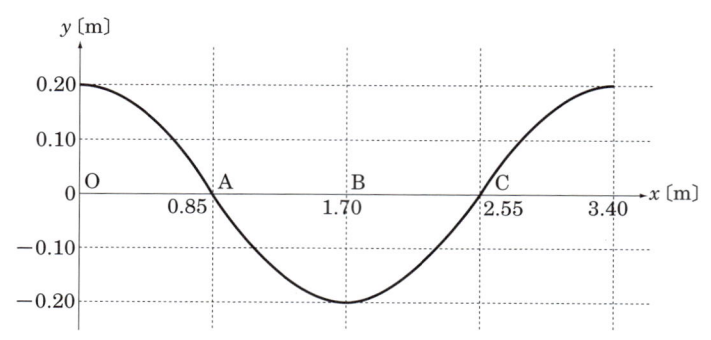

図のグラフは，x 軸方向，正の向きへ進む音波の時刻 $t=0$ における変位 y [m] を反時計回りに 90° 回転させることによって描いたものである。x 軸上の記号 A〜C は原点 O から 0.85m の等間隔にとった位置を示す。(2)〜(4)は記号 O〜C で答えよ。

(1) この音波について，次のア〜エをそれぞれ求めよ。
　ア 振幅　　イ 波長　　ウ 振動数　　エ 周期

(2) 時刻 $t=0$ における音波の媒質について，次のオ，カはそれぞれどこか。
　オ 最も密な位置　　カ 最も疎な位置

(3) 時刻 $t=0$ において媒質の速度が最大になる位置はどこか。

(4) 媒質の変位が最大となる位置はどこか。

(玉川大)

2 図のように，長い金属管の中に棒のついたピストンをはめこんだ閉管をつくり，この閉管の管口付近に低周波発信器に接続したスピーカーを置く。ピストンはなめらかに左右に移動できて，閉管の長さを変えることができる。ただし，開口端における腹の位置のずれは無視する。

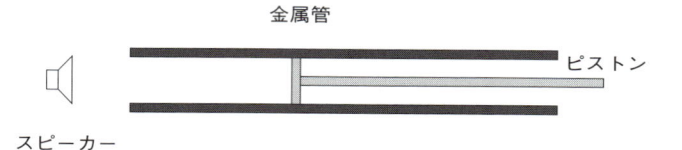

いま，スピーカーから出る音の振動数を 684Hz に一定にしたまま，ピストンを管口付近から少しずつ引き出していくと，閉管の長さが 12.5cm と 37.5cm のときに共鳴音が聞こえた。

(1) 空気中を伝わる音の速さ〔m/s〕はいくらか。

次に，閉管の長さを 37.5cm に固定する。スピーカーから出る音の振動数を 684Hz からしだいに下げていくと，共鳴音が聞こえた。
(2) 音の振動数〔Hz〕はいくらか。

閉管の長さを 37.5cm に固定した状態で，スピーカーから出る音の振動数を 684Hz からしだいに大きくしていくと，共鳴音が聞こえた。
(3) 音の振動数〔Hz〕はいくらか。

(関東学院大)

3 次の文章中の空欄①は語句で埋め，②，③，⑤は数式で埋め，④はア〜ウのうちから正しいものを1つ選び，⑥は数値で埋めよ。

図のように，一様な弦の一端 A を，振動数が調節できる振動子に固定し，他端は滑車を通しておもりにつないである。また，コマ B は振動子と滑車の間を移動して，任意の1点で弦を固定することができる。

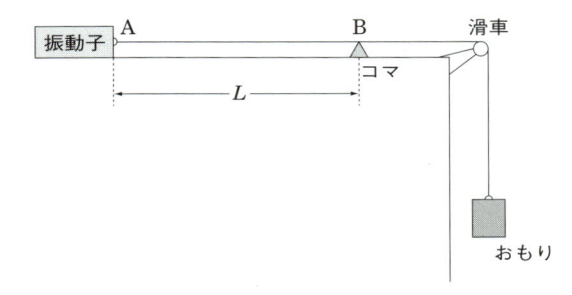

はじめに，AB 間の弦の長さを L〔m〕として，振動子を作動させ，この弦を振動数 f〔Hz〕で振動させたところ，AB 間に腹が2個ある定常波ができた。このような定常波による振動を弦の(①)という。なお，弦を伝わる波の波長 λ〔m〕は，L を用いて表すと，

$\lambda =$ (②)〔m〕

となる。また，弦を伝わる波の速さ V〔m/s〕は，f，L を用いて

$V =$ (③)〔m/s〕

と表される。

その後，コマ B を振動子に向かってゆっくり移動させ，AB 間の長さが L'〔m〕になったときに，基本振動が観測された。このとき，弦を伝わる波の速さ V は(④ ア 小さくなる，イ 変わらない，ウ 大きくなる)ことから，L' は L を用いて

$L' =$ (⑤)〔m〕

と表される。

次に，弦の振動数を徐々に増加させたところ，再び，腹が2個の定常波ができた。このときの弦の振動数 f' は，はじめの振動数 f の(⑥)倍である。

(秋田大)

4章 静電気と電流

13 □ 静電気

電気(電荷)には<u>正電気</u>(正電荷)と<u>負電気</u>(負電荷)があり、同符号の電荷どうし間には<u>反発力</u>(斥力)、異符号の電荷どうし間には<u>引力</u>がはたらく。

14 □ 静電誘導 👍発展

導体に帯電体を近づけると、導体には帯電体に近い部分に帯電体と異符号の電荷が、帯電体から遠い部分に帯電体と同符号の電荷が分布し、導体内の電場を打ち消すので、<u>導体内からは電場が消える</u>。

15 □ 電 流

導線のある断面を時間 t [s] に Q [C] の電荷が通過したとき、導線に流れる電流の強さ I [A] は $I=\dfrac{Q}{t}$ で、正電荷の流れる向きが電流の向き。

16 □ オームの法則

抵抗 R [Ω] の導線の両端に V [V] の電圧を加えたとき、導線に I [A] の電流が流れたとすれば、$V=RI$ が成り立つ。これを<u>オームの法則</u>という。

17 □ 電気抵抗

抵抗率 ρ [Ω·m] の物質でできた長さ l [m], 断面積 S [m²] の導線の抵抗 R [Ω] は、$R=\rho\dfrac{l}{S}$ で与えられる。この式は、<u>導線の抵抗は、長さが長いほど大きく、断面積が大きい(太い)ほど小さい</u>ことを表している。

18 □ 電気抵抗と温度 👍発展

導線の温度 t [℃] のときの抵抗 R [Ω] は、$R=R_0(1+\alpha t)$ である。ここで、R_0 [Ω] は 0℃ のときの抵抗であり、α を<u>抵抗の温度係数</u>という。

19 □ 抵抗の接続

● **直列接続** 抵抗 R_1 [Ω], R_2 [Ω], ⋯, R_n [Ω] を直列に接続したときの合成抵抗を R [Ω] とすれば、$R=R_1+R_2+\cdots+R_n$ と表される。

● **並列接続** 抵抗 R_1 [Ω], R_2 [Ω], ⋯, R_n [Ω] を並列に接続したときの合成抵抗を R [Ω] とすれば、$\dfrac{1}{R}=\dfrac{1}{R_1}+\dfrac{1}{R_2}+\cdots+\dfrac{1}{R_n}$ と表される。

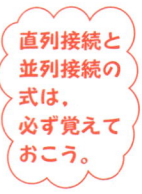

> 直列接続と並列接続の式は、必ず覚えておこう。

基礎の基礎を固める！

( )に適語を入れよ。　答➡別冊 p.31

18 電荷にはたらく力 ⚷13

正電荷どうしにはたらく力は(❶　　　　　)で，正電荷と負電荷の間にはたらく力は
(❷　　　　　)である。

19 はく検電器 ⚷14 👍発展

負に帯電したエボナイト棒を，はく検電器の金属円板に近づけると，はくの部分に
(❸　　　　　)の電荷が現れ，はくは開く。エボナイト棒を金属円板にさらに近づけると，開いていたはくは(❹　　　　　)。

20 電　場 ⚷13

電場の中に正の電荷を置くと，正の電荷の受ける力の向きは電場の向きと
(❺　　　　　)であり，負の電荷を置くと，負の電荷の受ける力の向きは電場の向きと
(❻　　　　　)である。

21 電　流 ⚷15

導線の断面を 0.10s 間に 0.020C の電荷が通過した。このとき導線に流れる電流の強さは
(❼　　　　　)A である。

22 抵抗値 ⚷17, 18 👍発展

導線の抵抗値は，導線の長さが長いほど(❽　　　　　)，導線の断面積が大きいほど
(❾　　　　　)。抵抗の抵抗値は，抵抗の温度が上がると(❿　　　　　)なる。抵抗
の抵抗値の変化と温度の変化は(⓫　　　　　)の関係にある。

23 抵抗に流れる電流 ⚷16

抵抗値 100 Ω の抵抗に 3.0V の電圧を加えたとき，抵抗に流れる電流の強さは
(⓬　　　　　)A である。

24 抵抗の接続 ⚷19

抵抗値 12 Ω と 18 Ω の抵抗を，直列に接続したときの合成抵抗は(⓭　　　　　)Ω で，
並列に接続したときの合成抵抗は(⓮　　　　　)Ω である。

テストによく出る問題を解こう！

答➡別冊 p.32

14 ［はく検電器］ 発展

はく検電器を用いた静電誘導の実験について，以下の問いに答えよ。

(1) はく検電器に正に帯電したアクリル棒を近づけると，はくは開く。はくが開く理由を下の①〜⑦から選べ。

(2) はく検電器に負に帯電した塩化ビニル棒を近づけると，はくは開く。はくが開く理由を下の①〜⑦から選べ。

(3) はく検電器を金属の金網の中に入れ，はく検電器に負に帯電した塩化ビニル棒を近づけると，はくはどのようになるか。下の①〜⑦から選べ。

(4) はく検電器に正に帯電したアクリル棒を近づけ，はくが開いているときに，指を円板に触れるとはくはどのようになるか。下の①〜⑦から選べ。

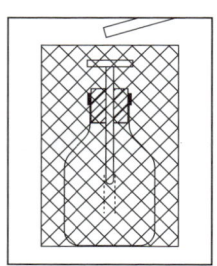

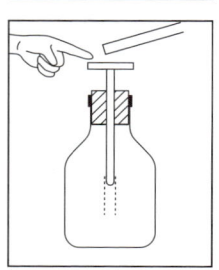

(5) (4)の操作の後，指をはなしてからアクリル棒を遠ざけると，はくはどのようになるか。下の①〜⑦から選べ。

① 金属円板は負，はくは正に帯電して，はくは開く。
② 金属円板は正，はくは負に帯電して，はくは開く。
③ 金属円板は負，はくも負に帯電して，はくは開く。
④ 金属円板は正，はくも正に帯電して，はくは開く。
⑤ 金属円板は負に帯電するが，はくは帯電していないので，はくは閉じる。
⑥ 金属円板は正に帯電するが，はくは帯電していないので，はくは閉じる。
⑦ はく検電器の金属部分とはくには電荷は現れないので，はくは閉じる(閉じたまま)。

15 ［電場と電荷］ 必修

電場について，以下の問いに答えよ。

(1) 強さ 300N/C の電場の中に 0.020C の電荷を置いたとき，電荷にはたらく力の大きさはいくらか。

(2) 電場の中に $1.5×10^{-3}$C の電荷を置いたところ，電荷には 4.5N の力がはたらいた。電場の強さはいくらか。

> **ヒント** E〔N/C〕の電場に q〔C〕の電荷を置くと，qE〔N〕の力を受ける。

16 [導線の抵抗] テスト

導線の抵抗について，以下の問いに答えよ。

(1) 抵抗率 $1.7 \times 10^{-3}\,\Omega \cdot \mathrm{m}$ の金属で，断面積 $1.0\,\mathrm{mm}^2$，長さ $0.30\,\mathrm{m}$ の導線をつくった。この導線の抵抗値を求めよ。

(2) ある金属で，断面積 $2.0\,\mathrm{mm}^2$，長さ $1.0\,\mathrm{m}$ の抵抗線をつくったところ，抵抗値が $50\,\mathrm{k}\Omega$ になった。この金属の抵抗率はいくらか。

17 [抵抗と電流・電圧]

図のように，抵抗値 $100\,\Omega$ の抵抗 A と $300\,\Omega$ の抵抗 B を直列に接続し，起電力 $E=1.5\,\mathrm{V}$ の直流電源につないだ。導線の抵抗は無視できるものとして，以下の問いに答えよ。

(1) 回路の合成抵抗はいくらか。

(2) 抵抗 A に流れる電流の強さはいくらか。

(3) 抵抗 A にかかる電圧 V_A はいくらか。

(4) 抵抗 B にかかる電圧 V_B はいくらか。

(5) (3)，(4) の結果から，直流電源の起電力 E と抵抗 A にかかる電圧 V_A，抵抗 B にかかる電圧 V_B の間にはどのような関係があるといえるか。

18 [抵抗の接続と電流] 難

抵抗値 $10\,\Omega$ の抵抗 1 と $30\,\Omega$ の抵抗 2，$15\,\Omega$ の抵抗 3，起電力 $3.0\,\mathrm{V}$ の直流電源を用いて，図のような回路をつくった。導線の抵抗は無視できるものとして，以下の問いに答えよ。

(1) BC 間の合成抵抗はいくらか。

(2) AC 間の合成抵抗はいくらか。

(3) BC 間の電位差はいくらか。

(4) 抵抗 1 に流れる電流の強さ I_1 はいくらか。

(5) 抵抗 2 に流れる電流の強さ I_2 はいくらか。

(6) 抵抗 3 に流れる電流の強さ I_3 はいくらか。

(7) (4)，(5)，(6) の結果から，I_1，I_2，I_3 の間にはどのような関係があるといえるか。

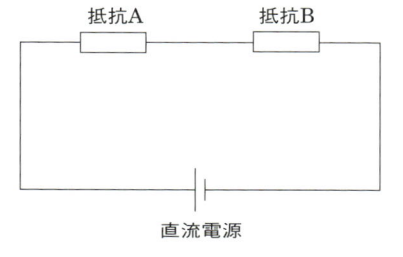

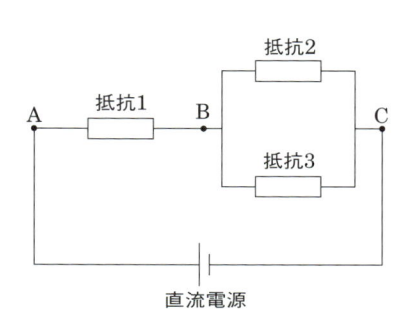

5章 電気とエネルギー

20 □ 電流と仕事

●電気の発生
磁場の中でコイルを回転させると，コイルを貫く磁力線の数が変化するので，コイルにその変化を妨げる向きに誘導起電力が発生し，電流が流れる(p.70参照)。

●電位差(電圧)
1Cの正電荷を，基準点から電気力に逆らって移動させるときの仕事を電位という。点Aの電位がV_A，点Bの電位がV_Bで，$V_A>V_B$であれば，点Aの電位は点Bの電位より高く，V_A-V_BをAB間の電位差または電圧という。

●電気力のする仕事
電位差(電圧)V〔V〕の2点間で，電位の高いほうから低いほうに電荷q〔C〕を移動させるとき，電気力のした仕事W〔J〕は，次のようになる。

$$W=qV$$

21 □ ジュール熱と電力

●ジュール熱
抵抗R〔Ω〕の導線にV〔V〕の電圧を加えI〔A〕の電流を時間t〔s〕流したとき，導線に発生するジュール熱Q〔J〕は，

$$Q=IVt=I^2Rt=\frac{V^2}{R}t$$

である。

> ジュール熱の式$Q=IVt$はオームの法則$V=RI$を用いて$Q=IVt=I^2Rt=\frac{V^2}{R}t$と変形できます。

●電力
1秒間に電流がする仕事を電力という。電力P〔W〕は，

$$P=IV=I^2R=\frac{V^2}{R}$$

である。

●電力量
電流がした仕事の量を電力量という。電流をP〔W〕の電力で流しているとき，電流が時間t〔s〕でする仕事W〔J〕は，

$$W=Pt$$

である。家庭では，電流が1時間にする仕事を測定しているので，キロワット時〔kWh〕の単位を使っている。

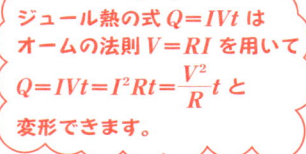

基礎の基礎を固める！

（　）に適語を入れよ。　答➡別冊 p.34

25 電気の発生　○→20

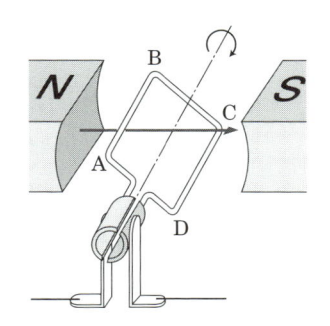

図のように，磁場の中でコイルを回転させた。コイルが図の位置にあるとき，コイルに流れる電流は，辺 AB の部分を（❶　　　）の向きに流れる。

26 電気力のする仕事　○→20

電位差 2.0V の 2 点間で，1.0×10^{-4} C の電荷が電気力を受けて，電位の高いほうから低いほうへ移動するとき，電気力によってされた仕事は（❷　　　）J である。

27 ジュール熱　○→21

100Ω の抵抗線に 3.0V の電圧を加えたとき，抵抗線で 1s 間に発生するジュール熱は（❸　　　）J である。

28 電力　○→21

100Ω の抵抗 2 個と 6.0V の電源を用いて回路をつくり，回路で消費される電力を調べた。

図 1 のように，抵抗を直列に接続して電源とつないだ。このとき，抵抗に流れる電流は（❹　　　）A であるから，1 個の抵抗で消費される電力は（❺　　　）W であり，回路全体で消費される電力は（❻　　　）W である。

図 2 のように，抵抗を並列に接続して電源とつないだ。このとき，抵抗にかかる電圧は（❼　　　）V であるから，1 個の抵抗で消費される電力は（❽　　　）W であり，回路全体で消費される電力は（❾　　　）W である。

図 1

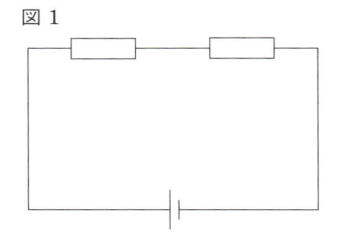

図 2

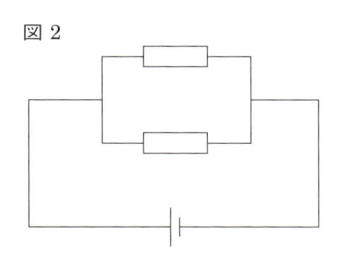

29 電力量　○→21

消費電力 800W の電気製品を 2 時間使ったときの電力量は（❿　　　）kWh である。

5章　電気とエネルギー

テストによく出る問題を解こう！

答➡別冊 p.34

19 ［電気の発生］ 必修

図のように磁極間に，金属製のコイルが置かれている。このコイルは AB を軸に自由に回転でき，金属端子 C によって外部の回路につながれている。図は，外部の回路として，スイッチ（SW），電流計および電気抵抗がつながっている状態を示している。外部の回路を図のようにし，スイッチを入れてコイルを回転させた。以下の問いに答えよ。

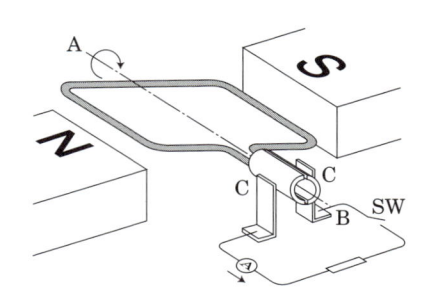

(1) 回路に電流が流れるか。次の①〜③より1つ選べ。
 ① 電流は流れない。
 ② 図の中の電流計のところに示した矢印方向に流れる。
 ③ 図の中の電流計のところに示した矢印とは反対方向に流れる。

(2) その理由を述べよ。

(3) スイッチを切ったとき，コイルを回転させる力の大きさが変化するか。次の①〜③より1つ選べ。
 ① 変化がない。
 ② 力の大きさが大きくなる。
 ③ 力の大きさが小さくなる。

(4) その理由を述べよ。

20 ［消費電力］ テスト

高電圧送電を行うわけを考えてみよう。以下の問いに答えよ。

(1) 送電線や家庭配線に用いられる導線には銅が多く使われ，銅の抵抗率の値は室温で $1.7×10^{-8}$ Ω・m である。いま，直径 2.0 mm の銅線 1.0 m の抵抗値は何 Ω か。

(2) この銅線 1.0m を使って 1.0A の電流を流したら何 W の電力を消費するか。

(3) 銅線の両端にかかる電圧は何 V か。

(4) この銅線に 0.10A の電流を流したら何 W の電力を消費するか。

(5) この銅線に 0.10A の電流を流し，1.0A の電流を流したときと同じ消費電力にするためには，何 V の電圧を銅線にかければよいか。

21 [ジュール熱]

図のような装置を用い，水の温度上昇を測定した。装置の配線部分の抵抗は無視する。装置は，熱容量が 108J/K の銅製の容器に水を 180g 入れ，15V の電源に 12.5Ω の抵抗を接続している。この装置のスイッチを入れ，かきまぜ棒でゆっくりとかき混ぜながらある時間電流を流し，水温が 5K 上昇したところでスイッチを切った。この実験装置で測定を行ったら，水の比熱が 4.2J/(g·K) と求められた。銅容器は断熱材ですべて囲まれ，抵抗体で発生した熱エネルギーは容器の外へ逃げないとするとき，以下の問いに答えよ。

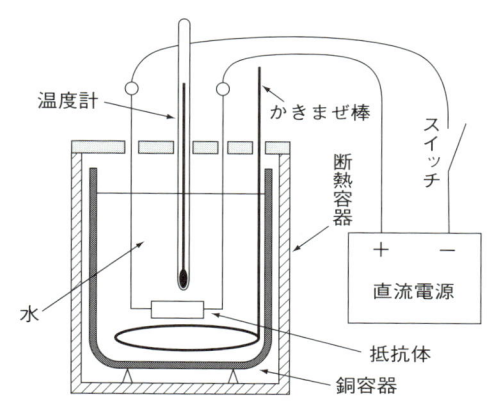

(1) この抵抗体でつくり出された電力量は何 J か。

(2) 電流を流し続けた時間は何秒か。

ヒント 電力量 W は $W = \dfrac{V^2}{R} t$ 〔J〕

6章 電磁誘導と交流

○ 22 □ 電流がつくる磁場

① **直線状の導線**に電流を流すと，直線電流を中心とする**同心円状の磁場**ができる。磁場の向きは，電流の流れる向きに右ねじを進ませたときの**右ねじの回転方向**である。

② **円形状の導線**に電流を流すと，**円形の面に垂直な磁場**ができる。磁場の向きは，電流の流れる向きに右ねじを回したとき，**右ねじの進む方向**である。

③ ソレノイドコイル内には一様な磁場ができ，できる**磁場の強さはコイルに流れる電流に比例**し，1mあたりの**コイルの巻き数に比例**する。コイルに鉄芯などの磁性体を入れると，磁場が強くなる。

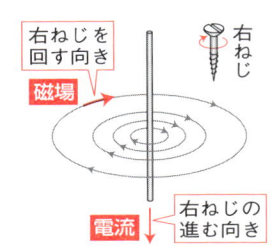

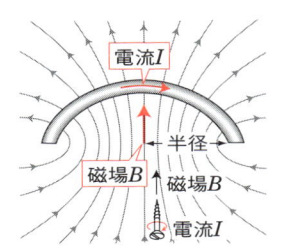

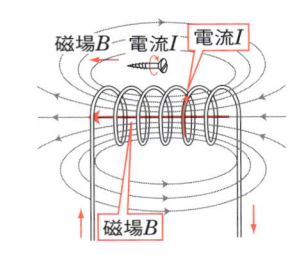

○ 23 □ 電流が磁場から受ける力

磁場内にある導線に電流を流すと，導線は磁場から力を受ける。電流 I が**磁場 B から受ける力 F の向きは電流 I と磁場 B に垂直**で，**フレミングの左手の法則**で求められる。

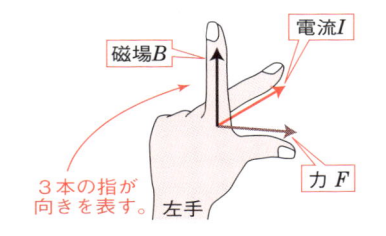

○ 24 □ 電磁誘導

コイルを貫く磁場が変化すると，コイルには，**磁場の変化を妨げるように誘導起電力が発生**し，コイルに誘導電流を流す。このような現象を**電磁誘導**という。コイルを貫く磁場の変化が大きいほど，コイルに発生する誘導起電力は大きくなり，流れる誘導電流も大きくなる。

○ 25 □ 変圧器

変圧器の1次側のコイルの巻き数を N_1，2次側のコイルの巻き数を N_2 とする。1次側のコイルに V_1〔V〕の交流電圧を加えたとき，2次側のコイルに生じる交流電圧を V_2〔V〕とすれば，

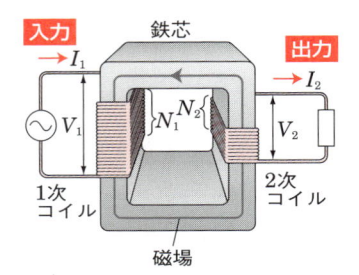

$$\frac{V_1}{V_2} = \frac{N_1}{N_2}$$

基礎の基礎を固める！

（　）に適語を入れよ。　答➡別冊 p.35

30 直線状の導線のまわりの磁場 ⚙22

直線状の導線に電流を流すと，導線のまわりに磁場ができる。流れる電流を強くするとこの磁場は（❶　　　　）くなり，導線から離れるとこの磁場は（❷　　　　）くなる。

31 直線電流のつくる磁場の向き ⚙22

直線電流がつくる磁場は，（❸　　　　）の向きに右ねじを進めたとき，右ねじの回転方向が（❹　　　　）の向きである。

32 円形電流のつくる磁場の向き ⚙22

円形電流が円の内側につくる磁場は，（❺　　　　）の向きに右ねじを回転したとき，右ねじの進む方向が（❻　　　　）の向きである。

33 ソレノイドの磁場 ⚙22

ソレノイドコイルがコイルの内側につくる磁場は，（❼　　　　）の向きに右ねじを回転したとき，右ねじの進む方向が（❽　　　　）の向きである。ソレノイドコイルのつくる磁場の強さを強くするためには，単位長さあたりの巻き数を（❾　　　　）すればよい。

34 コイルのつくる磁場 ⚙22

図のようなコイルに電流を流したとき，コイルの内部には図の矢印の向きに磁場が発生した。このとき，コイルの右側が棒磁石の（❿　　　　）極，左側が（⓫　　　　）極に相当する。

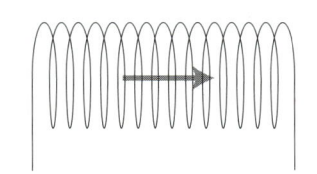

35 磁場から受ける力の向き ⚙23

図のように，磁場の中で導線に電流を流したとき，導線（電流）が磁場から受ける力の向きは（⓬　　　　）の向きである。

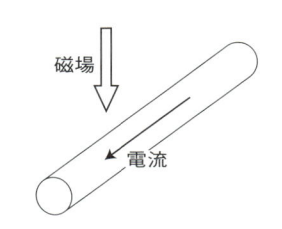

36 変圧器 ⚙25

変圧器で，2次側のコイルに生じる交流電圧を高くするためには，2次側のコイルの巻き数を（⓭　　　　）すればよい。

テストによく出る問題を解こう！

答⇒別冊 p.36

22 ［磁場の中の金属棒］ 必修

図のように，2本の金属レールの上に，金属棒PQを置き，電池を接続して電流を流した。以下の問いについて，下の①〜⑧から正しいものを選べ。

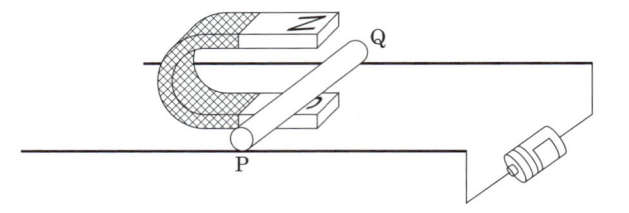

(1) 金属棒はどうなるか。

(2) U型磁石のS極を上側にして置き直し，電池を接続して電流を流した。金属棒はどうなるか。

(3) 磁石の置き方を元に戻して，電池の±を逆に接続して電流を流した。金属棒はどうなるか。

① PからQの向きに電流が流れ，磁場の向きは下向きなので，金属棒PQは右に動く。
② PからQの向きに電流が流れ，磁場の向きは下向きなので，金属棒PQは左に動く。
③ PからQの向きに電流が流れ，磁場の向きは上向きなので，金属棒PQは右に動く。
④ PからQの向きに電流が流れ，磁場の向きは上向きなので，金属棒PQは左に動く。
⑤ QからPの向きに電流が流れ，磁場の向きは下向きなので，金属棒PQは右に動く。
⑥ QからPの向きに電流が流れ，磁場の向きは下向きなので，金属棒PQは左に動く。
⑦ QからPの向きに電流が流れ，磁場の向きは上向きなので，金属棒PQは右に動く。
⑧ QからPの向きに電流が流れ，磁場の向きは上向きなので，金属棒PQは左に動く。

23 ［モーターの原理］

図はモーターの原理図である。図の矢印の向きに電流を流した。以下の問いに答えよ。

(1) コイルのAB部分にはたらく力の向きを答えよ。
　　① 上　　② 下　　③ 右　　④ 左

(2) コイルのCD部分にはたらく力の向きを答えよ。
　　① 上　　② 下　　③ 右　　④ 左

(3) コイルの回転方向は図のa，bのどちら向きか。

(4) コイルが180°回転したとき，コイルのAB部分にはたらく力の向きを答えよ。
　　① 上　　② 下　　③ 右　　④ 左

24 [誘導電流]

図のように，コイルに磁石のN極を近づけたところ，矢印の方向に電流が流れた。コイルに流れる誘導電流についての以下の問いについて，次の①～③で答えよ。

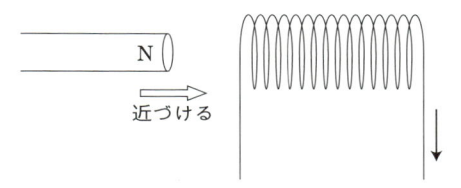

　① 矢印の向きに流れる　　② 矢印と逆の向きに流れる　　③ 流れない

(1) コイルに磁石のS極を近づけたとき，コイルに流れる電流はどうなるか。

(2) コイルから磁石のS極を遠ざけたとき，コイルに流れる電流はどうなるか。

(3) 磁石のS極にコイルを近づけたとき，コイルに流れる電流はどうなるか。

(4) コイルの中に磁石のN極を入れて静止させたとき，コイルに流れる電流はどうなるか。

25 [磁場の中でのコイルの回転] テスト

図のように，磁場の中でコイルABCDを回転させると，PQ間に交流電圧が発生する。次の問いに答えよ。

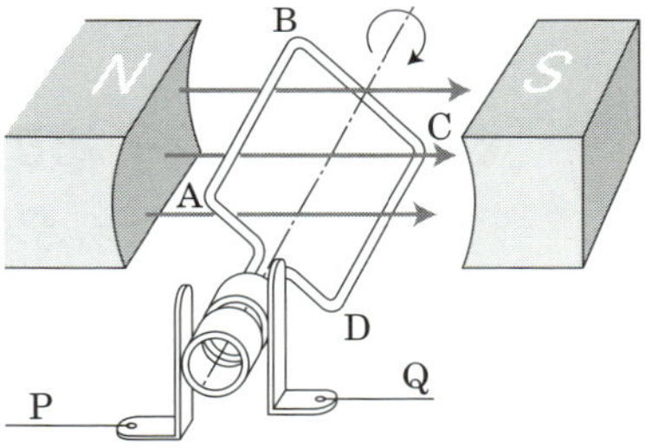

(1) コイルを0.020sの時間で1回転させた。発生する交流電圧の周期と周波数の値を求めよ。

(2) コイルの回転を速くしたとき，発生する交流電圧の最大値はどのようになるか。
　① 大きくなる　　② 小さくなる　　③ 変わらない

(3) コイルの巻き数を多くしたとき，発生する交流電圧の最大値はどのようになるか。
　① 大きくなる　　② 小さくなる　　③ 変わらない

26 [変圧器] 難

1次側のコイルの巻き数が1000回，2次側のコイルの巻き数が200回の変圧器について，以下の問いに次の①～⑤で答えよ。

　① $\frac{1}{4}$倍になる　　② $\frac{1}{2}$倍になる　　③ 変わらない　　④ 2倍になる　　⑤ 4倍になる

(1) 1次側のコイルの巻き数を変えずに，2次側のコイルの巻き数を2倍に増やしたとき，2次側の電圧はどのようになるか。

(2) 2次側のコイルの巻き数を変えずに，1次側のコイルの巻き数を4倍に増やしたとき，2次側の電圧はどのようになるか。

6章　電磁誘導と交流

7章 原子とエネルギー

🔑 26 □ 原子核の構成

原子核は**陽子**と**中性子**からできている。陽子と中性子を**核子**という。
- ●**原子番号** 陽子の数
- ●**質量数** 陽子と中性子の数の和（核子の数）
- ●**同位体** 元素の種類は変わらないが中性子の数の異なる原子。原子の種類は陽子の数で決まる。

🔑 27 □ 核反応

原子核の反応（核反応）には，**核分裂**と**核融合**がある。核反応では，反応の前後で，質量数の和は保存される。また，原子番号の和も保存される。

> 反応の前後で保存される量に着目することが大切です。

- ●**核分裂** 質量数の大きな原子核が，2個以上の質量数の比較的大きな原子核に分かれる反応。
- ●**核融合** 軽い原子核が原子核反応の結果，より重い原子核になる現象。

🔑 28 □ 原子核の崩壊と放射線

自然界にある不安定な原子核が，放射線を出して別の原子核に変わる現象を，**放射性崩壊**という。放射線には，**α線**，**β線**，**γ線**の3種類がある。
- ●**α線** ヘリウム原子核で，電離作用は強いが透過力は弱い。
- ●**β線** 高速の電子で，電離作用も透過力も中くらいである。
- ●**γ線** 波長の短い電磁波で，透過力は強いが電離作用は弱い。

基礎の基礎を固める！

（　）に適語を入れよ。　答➡別冊 p.38

37 原子核の構造 🔑 26

原子核は（①　　　）と（②　　　）からできている。（①　　　）の数は原子番号を表し，（①　　　）と（②　　　）の数の和，言いかえると（③　　　）の数が質量数を表す。

38 同位体 🔑 26

原子の種類は（④　　　）の数で決まる。（④　　　）の数が同じであるが，（⑤　　　）の数が異なる元素を同位体と呼ぶ。

39 核反応 ○→27

核反応には(⑥　　　　)と(⑦　　　　)がある。(⑥　　　　)は質量数の(⑧　　　　)原子核が、2個以上の質量数の比較的大きな原子核に分かれる反応であり、(⑦　　　　)は軽い原子核が原子核反応の結果、より(⑨　　　　)原子核になる現象である。

40 放射線 ○→28

放射線にはα線、β線、γ線の3種類がある。α線の実態は(⑩　　　　)で、電離作用は(⑪　　　　)、透過力は(⑫　　　　)。β線の実態は(⑬　　　　)で、電離作用は(⑭　　　　)で、透過力は(⑮　　　　)である。γ線の実態は(⑯　　　　)で、電離作用は(⑰　　　　)、透過力は(⑱　　　　)。

テストによく出る問題を解こう！

答→別冊 p.38

27 [原子核の構造]

以下の原子の陽子の数と中性子の数を求めよ。

(1) $^{20}_{10}\text{Ne}$　　(2) $^{14}_{6}\text{C}$　　(3) $^{238}_{92}\text{U}$

28 [核反応式]

以下の核反応式を完成せよ。式中の n は中性子を表す。

(1) $^{①}_{　}\text{N} + ^{4}_{2}\text{He} \longrightarrow ^{②}_{8}\text{O} + ^{1}_{1}\text{H}$

(2) $^{③}_{④}\text{Be} + ^{4}_{2}\text{He} \longrightarrow ^{12}_{6}\text{C} + ^{1}_{0}\text{n}$

(3) $^{235}_{92}\text{U} + ^{1}_{0}\text{n} \longrightarrow ^{(⑤)}_{　}\text{Ba}\ ^{141} + ^{92}_{36}\text{Kr} + (⑥)\ ^{1}_{0}\text{n}$

7章 原子とエネルギー

入試問題にチャレンジ！

答➡別冊 p.39

4 図の回路の抵抗 R_1, R_2, R_3 はそれぞれ $1.8\mathrm{k}\Omega$, $2.0\mathrm{k}\Omega$, $3.0\mathrm{k}\Omega$ であり，電池の電圧は $4.5\mathrm{V}$ である。以下の問いに答えよ。ただし，電池の内部抵抗はないものとする。

(1) 抵抗 R_1, R_2, R_3 を流れる電流 I_1, I_2, I_3 〔mA〕をそれぞれ求めよ。

(2) 抵抗 R_1, R_2, R_3 の消費電力 P_1, P_2, P_3 〔W〕をそれぞれ求めよ。

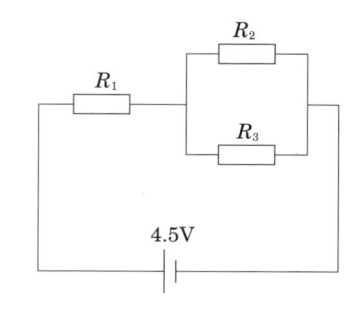

(3) 電池の供給電力 P〔W〕を求めよ。

(長崎総合科学大)

5 図のように，絶縁された金属線を密に巻いたコイルがある。金属線に直流電流を流しつづけたところ，コイルの中心に磁場が生じた。

コイルの中心の磁場の向きは図中の A〜D のどれか。

(摂南大)

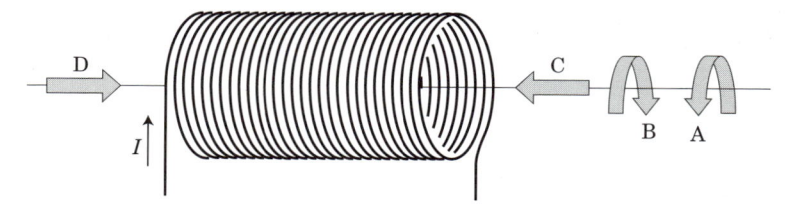

6 図1のような装置ははく検電器と呼ばれ，はくの開き方から電荷の有無や帯電の程度を知ることができる。はく検電器を用いて行う静電気の実験について考えよう。👍発展

(1) はく検電器の動作を説明する次の文章の空欄 ア 〜 ウ に入れる記述として最も適当なものを，あとの a〜c のうちから1つ選べ。

帯電していないはく検電器の金属板に正の帯電体を近づけると， ア ため自由電子が引き寄せられる。その結果，金属板は負に帯電する。一方，はく検電器内では イ ため帯電体から遠いはくの部分は自由電子が減少して正に帯電する。帯電したはくは， ウ ため開く。

a 同種の電荷は互いに反発し合う　　b 異種の電荷は互いに引き合う
c 電気量の総量は一定である

(2) はく検電器に電荷 Q を与えて，図2(a)で示したようにはくを開いた状態にしておいた。次にはく検電器の金属板に，負に帯電した塩化ビニル棒を遠方から近づけたところ，はくの開きはしだいに減少して図2(b)のように閉じた。図2(b)の状態からさらに棒を近づけると再びはくは開いた。このときはくの部分にある電荷は正負いずれか。また，その状態のまま図3のように金属板に指で触れた。指で触れているときのはくの開きは，触れる前と比べてどうなるか。

(センター試験)

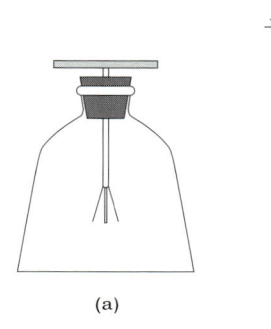

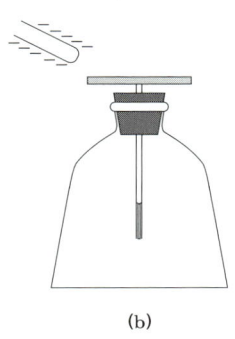

(a)　　　　　(b)　　　　　図3

図2

7 右図について，以下の問いに答えよ。

Aで表される直径 l の円形のコイルがある。Aを一定の速度で，図の矢印Xで示すように磁石の間をコイルの傾きが変化しないように移動させたとき，Aに生じる誘導電流 I の時間変化はどのように表されるか。下図㋐〜㋔の中から1つ選べ。ただし，誘導電流の流れる向きは，図のN極側からコイルを見たとき時計の針の回る向き(コイル内の矢印の向き)を正とする。また幅 $2l$ の磁石の間の磁場は一様とする。

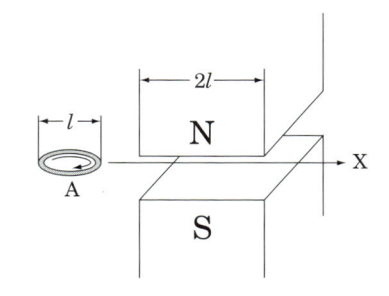

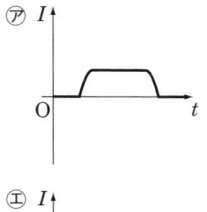

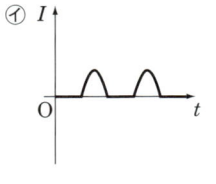

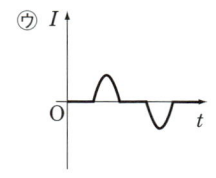

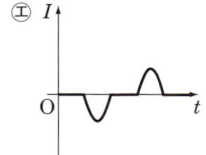

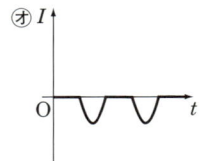

㋐ ㋑ ㋒

㋓ ㋔

(自治医大)

付録 測定値と有効数字

🔑 1 □ 測定値
測定を行うとき，アナログ式の測定器では，測定器についている目盛りの1つ下の位まで読み取る。デジタル式の測定器では表示されている数値をすべて読み取る。

🔑 2 □ 有効数字
測定によって得られた数字の桁数を**有効数字**と呼ぶ。有効数字がわかるように，$*.**\times 10^{**}$ の形で表す。

測定値には必ず誤差が含まれています。

🔑 3 □ 測定値の計算
①**加法・減法** 計算に使う測定値の中で，末尾の位の最も高い数値に，計算結果の末尾の位をそろえる。

②**乗法・除法** 計算に使う測定値の中で，有効数字の最も小さい数値の桁数に，計算結果の有効数字をそろえる。

🔑 4 □ 次元(ディメンション)
物理量には固有の**次元**があり，基本単位の次元の組み合わせによって表される。

基本単位の次元…**長さの次元[L]**，**質量の次元[M]**，**時間の次元[T]**

組立単位の次元…**速さの次元$[LT^{-1}]$**，**加速度の次元$[LT^{-2}]$** など。

練習問題を解いてみよう！
( )に適語を入れよ。　　答➡別冊 p.40

1 [測定値] 🔑 1

物差しを使って，物体の長さを測定した。

物体の長さは(①　　　)cmで，単位をmに直して10の累乗の形で表すと，(②　　　)×10^(③　　　) mとなる。

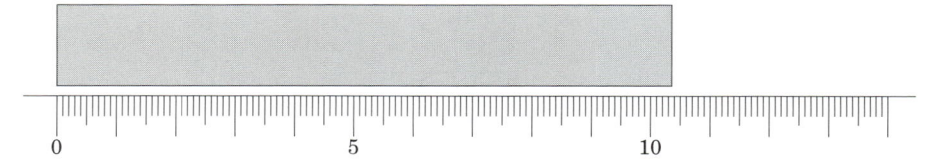

2 [有効数字] 🔑 2

以下の測定値の有効数字は何桁か。また，測定値の表し方の約束にしたがって，10の累乗の形で表せ。ただし，単位はMKSA単位系を用いること。

(1) 22.46g = (④) ×10^(⑤) 〔 ⑥ 〕
　　有効数字(⑦)桁

(2) 56.38cm = (⑧) ×10^(⑨) 〔 ⑩ 〕
　　有効数字(⑪)桁

(3) 2.36km = (⑫) ×10^(⑬) 〔 ⑭ 〕
　　有効数字(⑮)桁

3 [測定値の計算] 🔑 3

測定値を使って，以下の計算を行い，MKSA単位系で表せ。

(1) 半径1.5mの円がある。円の面積を求めよ。

(2) 縦の長さが12.56cm，横の長さが8.28cmの長方形の面積を求めよ。

(3) 質量123.46kgと25.1kgの物体の質量の和を求めよ。

4 [次 元] 🔑 4

次の物理量の次元を求めよ。

(1) 力　　　　　(2) ばね定数　　　　(3) 仕事

(4) 運動エネルギー　(5) 弾性エネルギー

執筆協力；土屋 博資
編集協力：ファイン・プランニング
図版協力：小倉デザイン事務所

シグマベスト これでわかる基礎反復問題集 物理基礎	編　者　文英堂編集部 発行者　益井英郎 印刷所　株式会社　天理時報社 発行所　株式会社　文英堂

本書の内容を無断で複写(コピー)・複製・転載することは，著作者および出版社の権利の侵害となり，著作権法違反となりますので，転載等を希望される場合は前もって小社あて許諾を求めてください。

〒601-8121　京都市南区上鳥羽大物町28
〒162-0832　東京都新宿区岩戸町17
(代表)03-3269-4231

© BUN-EIDO　2013　　Printed in Japan　　●落丁・乱丁はおとりかえします。

Σ BEST
シグマベスト

高校 これでわかる
基礎反復問題集

物理基礎

正解答集

文英堂

1編 運動とエネルギー

1章 物体の運動

基礎の基礎を固める！の答 →本冊 p.5

1 ❶ 距離　❷ 向き　❸ 40

[解き方] 速さは単位時間(1s間)あたりに移動する距離で定義される。速度は速さに向きを加えた量である。速さ v〔m/s〕で等速運動する物体が t〔s〕間で移動する距離 x〔m〕は $x=vt$ で与えられるので、
$10×4.0=40$〔m〕

2 ❹ 等速　❺ 速さ

[解き方] x–t グラフの傾きが速さを表す。等速運動では速さが変わらないので、x–t グラフでは傾きの変わらない直線で表される。

3 ❻ 速度

[解き方] 単位時間(1s間)あたりの速度の変化量を加速度という。

4 ❼ 2.0

[解き方] 等加速度直線運動の式 $v=v_0+at$ より、
$20=10+a×5.0$
よって、$a=\dfrac{20-10}{5.0}=2.0$〔m/s^2〕

5 ❽ 等加速度直線　❾ 加速度
　　❿ 移動距離

[解き方] v–t グラフの傾きが加速度の大きさを表す。また、グラフに囲まれた面積が移動距離を表す。等加速度直線運動では加速度の大きさが一定なので、v–t グラフでは傾きが一定の直線で表される。

6 ⓫ 0.25

[解き方] 動く歩道の速度と人が歩く速度を合成すると、$0.10+0.15=0.25$〔m/s〕

7 ⓬ 西　⓭ 8.0

[解き方] 東向きの速度を＋として、自動車から自転車を見たときの相対速度は、
$(+2.0)-(+10)=-8.0$
よって、西向きに速さ 8.0m/s である。

テストによく出る問題を解こう！の答 →本冊 p.6

1 (1) **10m/s**　(2) **5.0m/s**
　　(3) **下図**　(4) **7.5m/s**

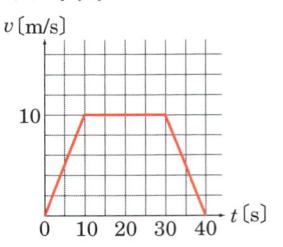

[解き方] (1) x–t グラフの傾きが速さを表すので、
$\dfrac{200-100}{25-15}=10$〔m/s〕

(2) 接線の傾きが瞬間の速さを表すので、点線の傾きから、$\dfrac{220-120}{20-0}=5.0$〔m/s〕

(3) 時刻 0s から 10s までと、時刻 30s から 40s までは等加速度直線運動であるから、v–t グラフでは直線で表される。(1)の結果と合わせて、物体が運動を始めてから止まるまでの v–t グラフは解答の図のようになる。

(4) グラフから、40s 間で 300m 移動したことが読み取れるので、平均の速さは、
$\dfrac{300}{40}=7.5$〔m/s〕

2 (1) **8.0m/s**　(2) **16m**

[解き方] (1) 等加速度直線運動の式 $v=v_0+at$ より、
$v=2.0×4.0=8.0$〔m/s〕

(2) 等加速度直線運動の式 $x=v_0t+\dfrac{1}{2}at^2$ より、
$x=\dfrac{1}{2}×2.0×4.0^2=16$〔m〕

3 (1) **3.5m/s^2**　(2) **下図**
　　(3) **154m**　(4) **11m/s**

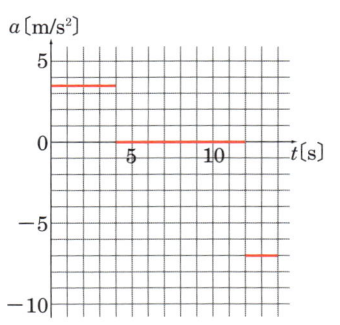

解き方 (1) v–t グラフの傾きが加速度を表すので,
$$\frac{14}{4}=3.5\,[\text{m/s}^2]$$

(2) 時刻 4s から 12s までの加速度の大きさは傾きが 0 なので, $0\,\text{m/s}^2$ である。時刻 12s から 14s までの加速度の大きさは, v–t グラフの傾きから,
$$\frac{0-14}{14-12}=-7.0\,[\text{m/s}^2]$$
よって, a–t グラフは解答の図のようになる。

(3) 物体が運動を始めてから止まるまでに移動した距離は, v–t グラフの面積によって与えられるので,
$$\frac{1}{2}\times(8+14)\times14=154\,[\text{m}]$$

(4) 154m を 14s で移動したのであるから, 平均の速さは,
$$\frac{154}{14}=11\,[\text{m/s}]$$

テスト対策 運動を表すグラフ

① x–t グラフ
・等速運動は直線で表される。
・直線の傾きが速さを表す。

② v–t グラフ
・等加速度直線運動は直線で表される。
・直線の傾きが加速度の大きさを表す。
・囲まれた面積が移動距離を表す。

---

4 (1) $-5.0\,\text{m/s}^2$, 遅くなっている
(2) $-5.0\,\text{m/s}^2$, 速くなっている
(3) 4.0s, 40m
(4) 8.0s, $-20\,\text{m/s}$

解き方 (1) 時刻 0s から 4.0s までの加速度は, グラフの傾きから,
$$\frac{0-20}{4-0}=-5.0\,[\text{m/s}^2]$$
このとき, 速度は正方向を向いているのに対し, 加速度は負方向を向いているので, 減速していることがわかる。

(2) 時刻 4.0s から 8.0s までの加速度は, グラフの傾きから,
$$\frac{-20-0}{8-4}=-5.0\,[\text{m/s}^2]$$
このとき, 速度は負方向を向いているのに対し, 加速度も負方向を向いているので, 加速していることがわかる。

(3) 速さが 0 になるときが, 物体が運動の向きを変える折り返し点を表す。よって, 原点からもっとも遠くなる時刻は 4.0s である。その間に原点から動いた距離は, v–t グラフの面積によって表されるので,
$$\frac{1}{2}\times4\times20=40\,[\text{m}]$$

(4) 再び原点に戻ってくるためには, 時刻 0s から 4.0s までに動いた距離と同じ距離を戻ってこなければならないので, 時刻 0s から 4.0s までの v–t グラフの三角形の面積と等しくなる面積を考えればよい。よって, 合同の三角形から, 再び原点に戻ってきた時刻は 8.0s である。そのときの速度は, グラフから $-20\,\text{m/s}$ である。

テスト対策 等加速度直線運動

等加速度直線運動の式
$$v=v_0+at$$
$$x=v_0t+\frac{1}{2}at^2$$
$$v^2-v_0^2=2ax$$
を, 問題を解くことによってたくさん使い, 式の使い方(どのような場合にどの式を使えばよいか)を身につけるとよい。

---

5 (1) 下流の向きに $2.6\,\text{m/s}$
(2) 上流の向きに $1.4\,\text{m/s}$

解き方 (1) 下流の向きを正とすれば,
$$(+2.0)+(+0.60)=+2.6\,[\text{m/s}]$$
結果が $+$(正)なので, 速度の向きは下流の向きである。
注:式には $+$ を表示して向きを明確に表したが, $+$ の場合は入れなくてよい。

(2) 下流の向きを正とすれば,
$$(+0.60)+(-2.0)=-1.4\,[\text{m/s}]$$
結果が $-$(負)なので, 速度の向きは上流の向きである。

6 (1) 北向きに 30m/s
(2) 北向きに 5.0m/s

解き方 (1) 自動車 A に対する自動車 B の相対速度は，右図から北向きを正として，
$(+15)-(-15)=30$ [m/s]
であり，北に向いていることがわかる。

(2) 南向きを正とすれば，
$(+10)-(+15)=-5$ [m/s]
結果が－(負)なので，速度の向きは北向きである。

15m/s
15m/s

テスト対策　相対速度

速度 $\vec{v_A}$ で運動している物体 A に対する，速度 $\vec{v_B}$ で運動している物体 B の相対速度 $\vec{v}$ は，
$$\vec{v}=\vec{v_B}-\vec{v_A}$$
で与えられる。相対速度は，「物体 A に乗って物体 B を見たとき，どのように見えるか」を考えたものである。自動車や電車に乗っているときに，運動している他の物体を観察するようにしよう。

---

7 (1) 19.6m/s (2) 19.6m

解き方 (1) 等加速度直線運動の式 $v=v_0+at$ より，水面に達する直前の小石の速さは，
$9.8\times 2.0=19.6$ [m/s]

(2) 等加速度直線運動の式 $x=v_0t+\dfrac{1}{2}at^2$ より，水面からの橋の高さは，
$\dfrac{1}{2}\times 9.8\times 2.0^2=19.6$ [m]

---

8 (1) 1.5s (2) 31m (3) 3.0s
(4) 4.0s (5) 24.5m/s

解き方 (1) 最高点に達したとき，小球の速さは 0 になるので，小球が最高点に達するまでの時間を t_1 [s] とすれば，$v=v_0+at$ より，
$0=14.7-9.8\times t_1$
よって，$t_1=\dfrac{14.7}{9.8}=1.5$ [s]

(2) 小球が最高点に達したときの地面からの高さ h [m] は，$x=v_0t+\dfrac{1}{2}at^2$ より，

$h=19.6+14.7\times 1.5-\dfrac{1}{2}\times 9.8\times 1.5^2$
$=30.625$ [m]

(3) 小球が再びビルの屋上を通過するとき，投げ上げてからの時間を t_2 [s] とすれば，
$x=v_0t+\dfrac{1}{2}at^2$ より，

$0=14.7\times t_2-\dfrac{1}{2}\times 9.8\times t_2^2$
よって，$0=4.9t_2(3-t_2)$
これから，$t_2=3.0$ s

(4) 小球が地面に達するまでの投げ上げてからの時間を t_3 [s] とすれば，$x=v_0t+\dfrac{1}{2}at^2$ より，

$-19.6=14.7\times t_3-\dfrac{1}{2}\times 9.8\times t_3^2$
よって，$(t_3-4)(t_3+1)=0$
これから，$t_3=4.0$ s

(5) 小球が地面に達する直前の速さは，$v=v_0+at$ より，
$14.7-9.8\times 4.0=-24.5$ [m/s]

2章 力

基礎の基礎を固める！の答　➡本冊 p.11

8 ❶ 98

解き方 物体にはたらく重力の大きさは(質量)×(重力加速度)なので，$10\times 9.8=98$ [N]

9 ❷ 比例 ❸ フック ❹ 20

解き方 ばねの弾性力は伸びの長さに比例する。これをフックの法則という。
ばね定数 100N/m のばねが 0.20m 伸びたとき，ばねの弾性力の大きさは，
$100\times 0.20=20$ [N]

10 ❺ 2.0

解き方 物体にはたらく浮力の大きさは ρVg で与えられるので，
$1.0\times 10^3\times 2.0\times 10^{-4}\times 9.8=1.96$ [N]

11 ❻ 作用線 ❼ 反対 ❽ 等しい

[解き方] 物体に2力がはたらくとき，その2力の作用線が一致し，向きが反対で，大きさが等しいと，2力はつり合う。

12 ❾ $4\sqrt{5}$ ❿ 4

[解き方] 2力の合力を求めるとき，2力を2辺とする平行四辺形の対角線を作図すればよい。

(1)

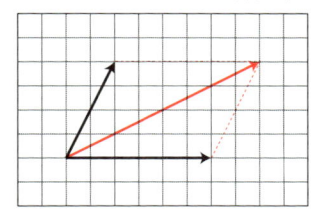

(2)

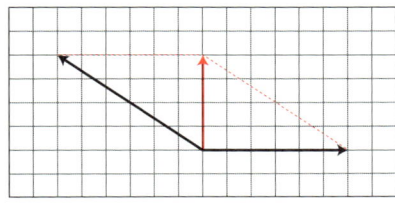

13 ⓫ 7 ⓬ 6

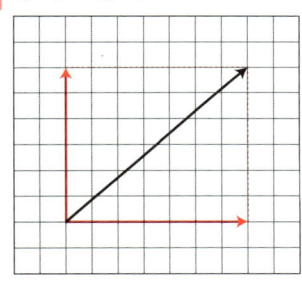

⓭ 17 ⓮ 10

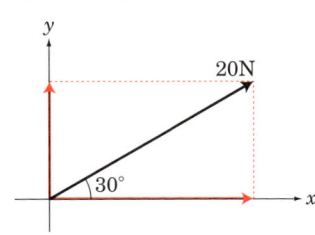

[解き方] (1) 力を対角線とする長方形をつくり分解すると，図の目盛りより，x方向の分力の大きさは7N，y方向の分力の大きさは6Nである。

(2) 上の図のように，x方向 F_x と y方向 F_y に分解できる。よって，
$F_x = 20\cos30° = 10\sqrt{3} ≒ 17$ 〔N〕
$F_y = 20\sin30° = 10$ 〔N〕

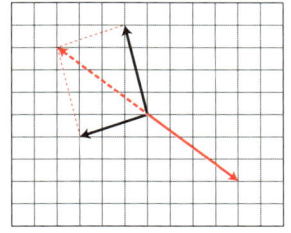

14 ⓯ 5

⓰ 5.1

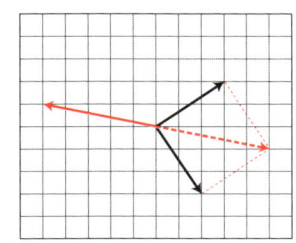

[解き方] 2力の合力と向きが反対で大きさが等しい力を，合力の作用線上に加えると3力はつり合う。よって，解答の図のようになる。力の大きさは，目盛りから，
(1) $\sqrt{4^2+3^2} = 5$ 〔N〕
(2) $\sqrt{1^2+5^2} = \sqrt{26} ≒ 5.1$ 〔N〕

15 ⓱ 1.0N ⓲ 5.0N
⓳ 5.0N ⓴ 2.0N
㉑ $F_{1x} - 1.0 - 5.0 = 0$
㉒ $-F_{1y} + 5.0 - 2.0 = 0$
㉓ 6.0N ㉔ 3.0N

[解き方] 力がつり合うとき，x軸方向とy軸方向に力を分解すると，各方向での力の分力もつり合うので，x軸方向の力のつり合いの式と，y軸方向の力のつり合いの式をつくって考える。

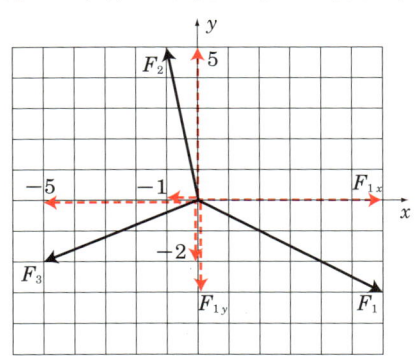

テストによく出る問題を解こう！の答　➡本冊 p.13

9 (1) **245N/m**　(2) ① **0.98N**　② **19.6cm**

解き方 (1) ばね定数を k〔N/m〕とすれば，**フックの法則**より，
$$5.0 \times 9.8 = k \times 0.20$$
よって，
$$k = \frac{5.0 \times 9.8}{0.20} = 245 〔\text{N/m}〕$$

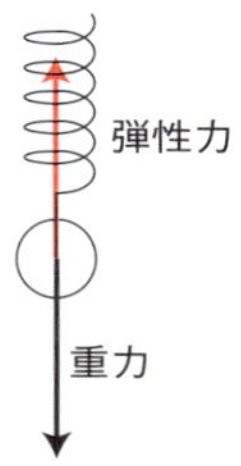

(2) ①物体が水から受ける浮力の大きさは，
$$1.0 \times 10^3 \times 100 \times 10^{-6} \times 9.8 = 0.98〔\text{N}〕$$

②ばねの伸びの長さを x〔m〕とすれば，**フックの法則**より，
$$5.0 \times 9.8 - 0.98 = 245 \times x$$
よって，$x = \dfrac{5.0 \times 9.8 - 0.98}{245}$
$$= 0.196〔\text{m}〕$$
$$= 19.6〔\text{cm}〕$$

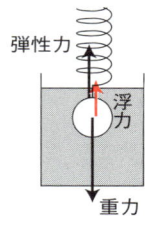

10 (1) **0.20m**　(2) **0.32m**　(3) **0.12m**

解き方 (1) ばね A に質量 1.0kg のおもりをつるしたとき，ばね A の伸びの長さを x〔m〕とすれば，**フックの法則**より，$1.0 \times 9.8 = 100 \times x$

よって，$x = \dfrac{1.0 \times 9.8}{100} = 0.098$〔m〕

ばねの自然の長さが 0.10m であるから，このときのばねの長さは，$0.10 + 0.098 = 0.198$〔m〕

(2) ばね A とばね B を直列につないだとき，ばねにはたらく力の大きさは等しい。

ばね A の伸びの長さを x_A〔m〕，ばね B の伸びの長さを x_B〔m〕とすれば，**フックの法則**より，
$$1.0 \times 9.8 = 100 \times x_A$$
$$1.0 \times 9.8 = 400 \times x_B$$
よって，
$$x_A = \frac{1.0 \times 9.8}{100} = 0.098〔\text{m}〕$$
$$x_B = \frac{1.0 \times 9.8}{400} = 0.0245〔\text{m}〕$$

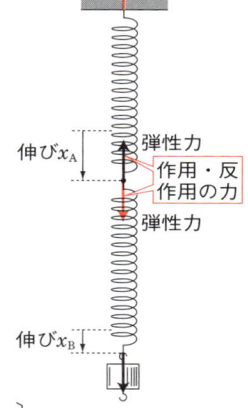

ばね A, B 全体の長さは，
$$0.10 + 0.098 + 0.10 + 0.0245 = 0.3225〔\text{m}〕$$

(3) ばね A とばね B を並列につないだとき，伸びの長さは等しい。ばね A とばね B の弾性力の合力が，おもりにはたらく重力とつり合うので，伸びの長さを x'〔m〕とすれば，
$$1.0 \times 9.8 = 100 \times x' + 400 \times x'$$
よって，$x' = \dfrac{1.0 \times 9.8}{100 + 400} = 0.0196$〔m〕

ばね A の長さは，
$$0.10 + 0.0196 = 0.1196〔\text{m}〕$$

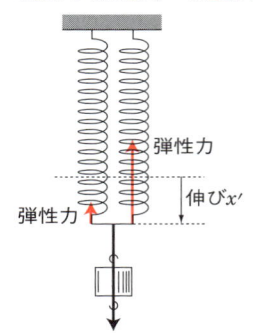

11 (1) mg　(2) $\dfrac{m}{V}$

解き方 (1) 物体には，重力と浮力がはたらいて静止しているので，重力と浮力はつり合っている。よって，物体にはたらく浮力の大きさは mg〔N〕である。

(2) 液体の密度を ρ〔kg/m³〕とすれば，
$$\rho V g = mg$$
よって，$\rho = \dfrac{m}{V}$

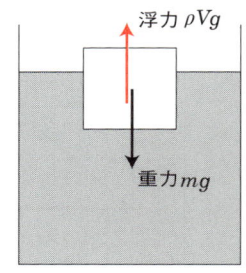

12 (1) **9.8N**

(2) 水平方向：$\dfrac{1}{2}T_B$　鉛直方向：$\dfrac{\sqrt{3}}{2}T_B$

(3) 水平方向：$\dfrac{\sqrt{3}}{2}T_C$　鉛直方向：$\dfrac{1}{2}T_C$

(4) $\dfrac{1}{2}T_B = \dfrac{\sqrt{3}}{2}T_C$

(5) $9.8 = \dfrac{\sqrt{3}}{2}T_B + \dfrac{1}{2}T_C$

(6) T_B：**8.5N**　T_C：**4.9N**

解き方 (1) 糸 A の張力の大きさを T_A として，物体にはたらく力のつり合いを考えると，
$$T_A = 1.0 \times 9.8 = 9.8〔\text{N}〕$$

(2) 張力 T_B の水平方向の分力の大きさは，
$$T_B\cos60° = \frac{1}{2}T_B$$
また，鉛直方向の分力の大きさは，
$$T_B\sin60° = \frac{\sqrt{3}}{2}T_B$$

(3) 張力 T_C の水平方向の分力の大きさは，
$$T_C\cos30° = \frac{\sqrt{3}}{2}T_C$$
また，鉛直方向の分力の大きさは，
$$T_C\sin30° = \frac{1}{2}T_C$$

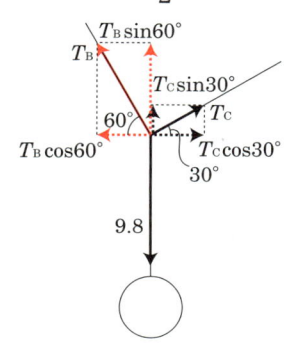

(4) 水平方向の力のつり合いの式は，
$$\frac{1}{2}T_B = \frac{\sqrt{3}}{2}T_C$$

(5) 鉛直方向の力のつり合いの式は，
$$9.8 = \frac{\sqrt{3}}{2}T_B + \frac{1}{2}T_C$$

(6) (4)の結果から，$T_B = \sqrt{3}T_C$
これを(5)の結果に代入して，
$$9.8 = \frac{\sqrt{3}}{2}\times\sqrt{3}T_C + \frac{1}{2}T_C$$
よって，$T_C = 4.9$〔N〕
$T_B = \sqrt{3}\times4.9 = 8.48$〔N〕

> **テスト対策　力のつり合い**
> 力のつり合いを考えるとき，力を成分に分け**各成分ごとに力のつり合いの式をつくる**。成分で考えることによって，直線上の力のつり合いとして考えることができる。

13 (1) **78N** (2) T_2：**64N** T_3：**87N**
(3) 物体B：**9.0kg** 物体C：**6.5kg**

解き方 (1) 物体Aは静止しているので，物体Aにはたらく力はつり合っている。物体Aには重力と張力がはたらいているので，この2力のつり合いを考えると，
$$T_1 = 8\times9.8 = 78.4 \text{〔N〕}$$

(2) ひも1とひも2，ひも3の交点での張力のつり合いを考える。水平方向の力のつり合いの式は，
$$T_1\cos45° = T_2\cos30°$$
となるので，
$$T_2 = \frac{\cos45°}{\cos30°}T_1$$
$$= \frac{\sqrt{2}}{\sqrt{3}}\times78.4$$
$$= 64.0 \text{〔N〕}$$
鉛直方向の力のつり合いの式は，
$$T_1\sin45° + T_2\sin30° = T_3$$
となるので，
$$T_3 = \frac{1}{\sqrt{2}}T_1 + \frac{1}{2}T_2$$
$$= \frac{1}{\sqrt{2}}\times78.4 + \frac{1}{2}\times\frac{\sqrt{2}}{\sqrt{3}}\times78.4$$
$$= \frac{1}{\sqrt{2}}\left(1 + \frac{1}{\sqrt{3}}\right)\times78.4$$
$$= 87.4 \text{〔N〕}$$

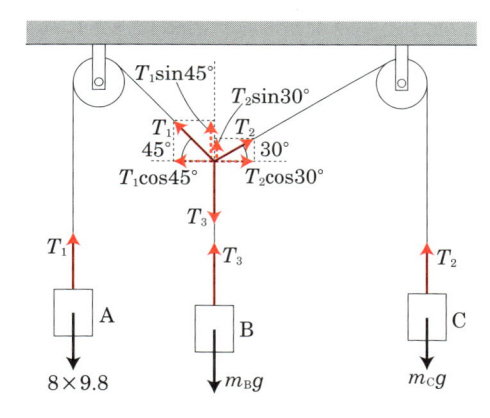

(3) 物体Bの質量を m_B〔kg〕とすれば，物体Bにはたらく力のつり合いの式は，
$$m_B\times9.8 = \frac{1}{\sqrt{2}}\left(1 + \frac{1}{\sqrt{3}}\right)\times78.4$$
となるので，
$$m_B = \frac{1}{\sqrt{2}}\left(1 + \frac{1}{\sqrt{3}}\right)\times\frac{78.4}{9.8}$$
$$= \frac{1}{\sqrt{2}}\left(1 + \frac{1}{\sqrt{3}}\right)\times8$$
$$= 8.92 \text{〔kg〕}$$

物体Cの質量をm_C〔kg〕とすれば，物体Cにはたらく力のつり合いの式は，

$$m_C \times 9.8 = \frac{\sqrt{2}}{\sqrt{3}} \times 78.4$$

となるので，

$$m_C = \frac{\sqrt{2}}{\sqrt{3}} \times \frac{78.4}{9.8} = \frac{\sqrt{2}}{\sqrt{3}} \times 8$$
$$= 6.53 〔kg〕$$

3章 運動の法則

基礎の基礎を固める！の答 ⇒本冊 p.17

16 ❶ 等速直線　❷ 慣性

[解き方] 物体にはたらく力の合力が0のとき，物体は等速直線運動を続ける。これを慣性の法則という。

17 ❸ 比例　❹ 反比例　❺ 運動

[解き方] 物体に力を加えて運動をさせたとき，物体に生じる加速度の大きさは，力の大きさに比例し，物体の質量に反比例する。これを運動の法則という。

18 ❻ 0.20

[解き方] 物体に生じる加速度の大きさをaとすれば，運動方程式 $ma=F$ より，$5.0 \times a = 1.0$

よって，$a = \frac{1.0}{5.0} = 0.20$〔m/s²〕

19 ❼ 静止摩擦力　❽ 大きく
　　❾ 最大摩擦力

[解き方] 静止している物体の動きを妨げるようにはたらく力を静止摩擦力といい，加えた力の大きさが大きくなると静止摩擦力も大きくなるが，最大摩擦力を越えて大きくなることはできない。

20 ❿ 5.0　⓫ 7.0

[解き方] 静止摩擦力は加えた力とつり合うようにはたらくので5.0Nである。力の大きさが7.0Nを越えたとき物体は動き始めたのであるから，最大摩擦力は7.0Nである。

21 ⓬ 動摩擦力　⓭ 関係しない

[解き方] 運動している物体にはたらく摩擦力を動摩擦力といい，その大きさは物体の速さに関係なく一定である。

22 ⓮ 逆　⓯ 大きい

[解き方] 物体が気体や液体から受ける抵抗力は運動の方向と逆向きで，物体の速さが速いほど大きくなる。

テストによく出る問題を解こう！の答 ⇒本冊 p.18

14 (1) $2.0 \times a = 2.0 \times 9.8 \times \sin 30°$
　　(2) 4.9m/s^2

[解き方] (1) 物体にはたらく力は重力と垂直抗力で，その合力は斜面平行下向きで，大きさは$2.0 \times 9.8 \times \sin 30°$である。

よって，物体の運動方程式は，
$$2.0 \times a = 2.0 \times 9.8 \times \sin 30°$$

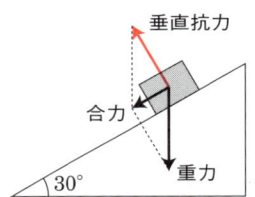

(2) (1)の運動方程式から，
$$a = \frac{9.8}{2} = 4.9 〔\text{m/s}^2〕$$

15 (1) $mg\sin\theta$　(2) $\tan\theta_0$

[解き方] (1) 物体にはたらく力は，重力と垂直抗力，静止摩擦力である。静止摩擦力の大きさをFとして，斜面に平行な方向の力のつり合いの式をつくれば，
$$F = mg\sin\theta$$

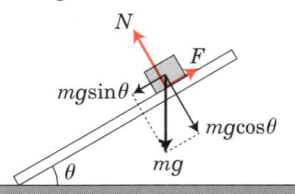

(2) 垂直抗力の大きさをNとして，斜面に垂直な方向の力のつり合いの式をつくれば，
$$N = mg\cos\theta_0$$

板と水平面とのなす角度がθ_0のとき，摩擦力は最大摩擦力になっているので，斜面に平行な方

向の力のつり合いの式をつくれば，
$$\mu mg\cos\theta_0 = mg\sin\theta_0$$
よって，$\mu = \dfrac{mg\sin\theta_0}{mg\cos\theta_0} = \tan\theta_0$

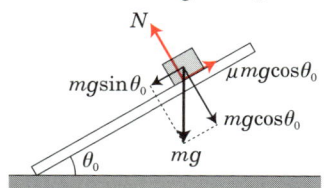

テスト対策　摩擦力

①静止摩擦力

物体が，物体の乗せられた面に対して静止しているときにはたらく摩擦力を**静止摩擦力**という。静止摩擦力は，物体にはたらく力の合力が0になるようにはたらくので，この考えをもとに求めるように心がける。しかし，**静止摩擦力は最大摩擦力以上には大きくなれない**。最大摩擦力F〔N〕は，$F = \mu N$ で与えられる。ここで，μ は静止摩擦係数，N〔N〕は垂直抗力である。

②動摩擦力

物体と面との動摩擦係数を μ' としたとき，物体にはたらく動摩擦力の大きさ F'〔N〕は，$F' = \mu' N$ である。ここで，N〔N〕は垂直抗力である。動摩擦力は運動の速さによらず一定と考えてよいので，摩擦力がはたらいているときの運動は等加速度直線運動になる。

16 (1) $5.0 \times a = 20 - 0.20 \times 5.0 \times 9.8$
(2) 2.0m/s^2

解き方 (1) 鉛直方向の力はつり合っているので，垂直抗力を N とすれば，$N = 5.0 \times 9.8$
物体にはたらく力は20Nの力と動摩擦力であるから，物体の運動方程式は，
$$5.0 \times a = 20 - 0.20 \times 5.0 \times 9.8$$

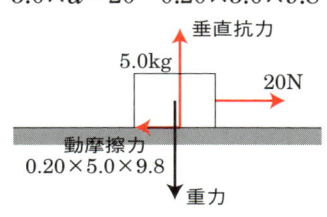

(2) (1)の運動方程式から，
$$a = \dfrac{20 - 0.20 \times 5.0 \times 9.8}{5.0} = 2.04 \text{〔m/s}^2\text{〕}$$

17 (1) $4.0 \times a = 4.0 \times 9.8 \times \sin 30°$
　　　　　　　$- 0.20 \times 4.0 \times 9.8 \times \cos 30°$
(2) 3.2m/s^2

解き方 (1) 物体にはたらく力は，**重力**と**垂直抗力**，**動摩擦力**である。斜面に垂直方向の力のつり合いから垂直抗力の大きさ N を求めると，
$$N = 4.0 \times 9.8 \times \cos 30°$$
重力の斜面に平行な方向の分力の大きさは $4.0 \times 9.8 \times \sin 30°$ であるから，物体の運動方程式は，
$$4.0 \times a = 4.0 \times 9.8 \times \sin 30°$$
$$- 0.20 \times 4.0 \times 9.8 \times \cos 30°$$

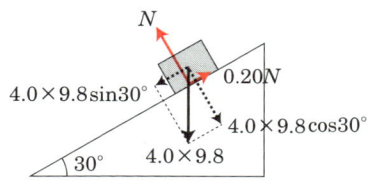

(2) (1)の運動方程式より，
$$a = 9.8(\sin 30° - 0.20 \times \cos 30°)$$
$$= 9.8\left(\dfrac{1}{2} - \dfrac{\sqrt{3}}{10}\right) = 3.20 \text{〔m/s}^2\text{〕}$$

18 (1) A：$4.0 \times a = 18 - T$　B：$5.0 \times a = T$
(2) 2.0m/s^2　(3) 10N

解き方 (1) 物体Aの運動方程式は，
$$4.0 \times a = 18 - T$$
物体Bの運動方程式は，$5.0 \times a = T$

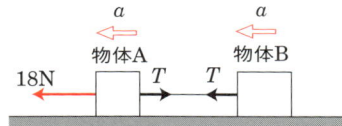

(2) (1)の運動方程式の辺々を加え合わせると，
$$9.0 \times a = 18$$
よって，$a = \dfrac{18}{9.0} = 2.0 \text{〔m/s}^2\text{〕}$

(3) (2)の結果を物体Bの運動方程式に代入して，
$$T = 5.0 \times 2.0 = 10 \text{〔N〕}$$

19 (1) A：$10a = 10 - N$　B：$15a = N$
(2) 0.40m/s^2　(3) 6.0N

解き方 (1) 物体Aの運動方程式は，
$$10a = 10 - N$$

物体Bの運動方程式は，$15a=N$

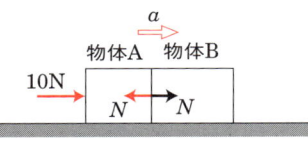

(2) (1)の運動方程式の辺々を加え合わせると，
$25a=10$
よって，$a=\dfrac{10}{25}=0.40$ [m/s²]

(3) (2)の結果を物体Bの運動方程式に代入して，
$N=15\times0.40=6.0$ [N]

20 (1) A：$1.0\times a=T$
　　おもり：$0.60\times a=0.60\times9.8-T$

(2) **3.7m/s²**　(3) **3.7N**

(4) B：$1.0\times a'=T'-0.20\times1.0\times9.8$
　　おもり：$0.60\times a'=0.60\times9.8-T'$

(5) **2.5m/s²**　(6) **4.4N**

解き方 (1) 物体にはたらく力は，重力と垂直抗力，張力の3力であり，重力と垂直抗力はつり合っている。よって，物体の運動方程式は，
$1.0\times a=T$

おもりにはたらく力は，重力と張力なので，おもりの運動方程式は，
$0.60\times a=0.60\times9.8-T$

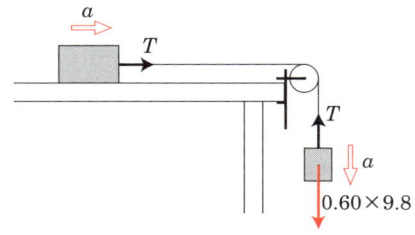

(2) (1)の運動方程式の辺々を加え合わせると，
$1.6a=0.60\times9.8$
よって，$a=\dfrac{0.60\times9.8}{1.6}=3.675$ [m/s²]

(3) (2)の結果を物体の運動方程式に代入して，
$T=1.0\times3.675=3.675$ [N]

(4) 物体にはたらく力は，重力と垂直抗力，張力，動摩擦力の4力であり，重力と垂直抗力はつり合っているので，物体の運動方程式は，
$1.0\times a'=T'-0.20\times1.0\times9.8$

おもりにはたらく力は，重力と張力なので，おもりの運動方程式は，
$0.60\times a'=0.60\times9.8-T'$

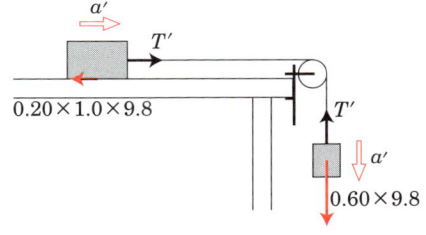

(5) (4)の運動方程式の辺々を加え合わせると，
$1.6a'=0.60\times9.8-0.20\times1.0\times9.8$
よって，$a'=\dfrac{0.40\times9.8}{1.6}=2.45$ [m/s²]

(6) (5)の結果を物体の運動方程式に代入して，
$T'=1.0\times2.45+0.20\times1.0\times9.8=4.41$ [N]

21 (1) A：$1.5a=1.5\times9.8-T$
　　B：$0.5a=T-0.50\times9.8$

(2) **4.9m/s²**　(3) **7.4N**

解き方 (1) 物体Aにはたらく力は重力と張力なので，物体Aの運動方程式は，
$1.5a=1.5\times9.8-T$

物体Bにはたらく力も重力と張力なので，物体Bの運動方程式は，
$0.5a=T-0.50\times9.8$

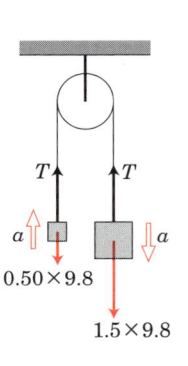

(2) (1)の運動方程式の辺々を加え合わせると，
$2.0a=(1.5-0.50)\times9.8$
よって，$a=\dfrac{9.8}{2.0}=4.9$ [m/s²]

(3) (2)の結果を物体Bの運動方程式に代入して，
$T=0.5\times4.9+0.5\times9.8=7.35$ [N]

22 (1) 物体：$5.0\times a=T-5.0\times9.8\times\sin30°$
　　おもり：$3.0\times a=3.0\times9.8-T$

(2) **0.61m/s²**　(3) **28N**

解き方 (1) 物体にはたらく力は，重力と垂直抗力，張力の3力であり，重力の斜面に平行な成分を考えると，物体の運動方程式は，
$5.0\times a=T-5.0\times9.8\times\sin30°$

おもりにはたらく力は，重力と張力なので，おもりの運動方程式は，
$3.0\times a=3.0\times9.8-T$

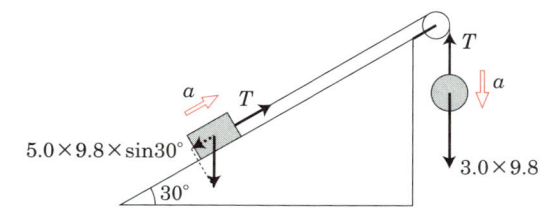

(2) (1)の運動方程式の辺々を加え合わせると，
$8.0a = (3.0 - 5.0 \times \sin 30°) \times 9.8$
よって，$a = \dfrac{0.5 \times 9.8}{8.0} = 0.6125 \, [\text{m/s}^2]$

(3) (2)の結果をおもりの運動方程式に代入して，
$T = 3.0 \times 9.8 - 3.0 \times 0.6125 = 27.5 \, [\text{N}]$

23 (1) 板：$3.0a = 4.0 - f$ 物体：$2.0a = f$
(2) $0.80 \, \text{m/s}^2$ (3) $1.6 \, \text{N}$ (4) $24.5 \, \text{N}$

解き方 (1) 板にはたらく力は，**4.0Nの力**と**重力**，物体からの**垂直抗力**，**摩擦力**，床からの**垂直抗力**である。重力，物体からの垂直抗力，床からの垂直抗力はつり合っているので，板の運動方程式は，
$3.0a = 4.0 - f$
物体にはたらく力は，**重力**，板からの**垂直抗力**，**摩擦力**であるから，物体の運動方程式は，
$2.0a = f$

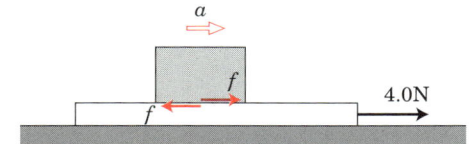

(2) (1)の運動方程式の辺々を加え合わせると，
$5.0a = 4.0$
よって，$a = \dfrac{4.0}{5.0} = 0.80 \, [\text{m/s}^2]$

(3) (2)の結果を物体の運動方程式に代入して，
$f = 2.0 \times 0.80 = 1.6 \, [\text{N}]$

(4) 力Fを加えているときの摩擦力の大きさを$f'\,[\text{N}]$，物体に生じる加速度の大きさを$a'\,[\text{m/s}^2]$とすれば，板の運動方程式は，
$3.0a' = F - f'$
物体の運動方程式は，$2.0a' = f'$
この運動方程式から，$\dfrac{F - f'}{3.0} = \dfrac{f'}{2.0}$
よって，$f' = \dfrac{2}{5}F$

物体がすべり出す直前に，静止摩擦力f'は最大摩擦力になるので，$\dfrac{2}{5}F = 0.50 \times 2.0 \times 9.8$
よって，$F = \dfrac{5}{2} \times 0.50 \times 2.0 \times 9.8 = 24.5 \, [\text{N}]$

24 (1) $ma = mg - kv$ (2) $g - \dfrac{k}{m}v$
(3) $\dfrac{mg}{k}$

解き方 (1) 雨滴には**重力**と**抵抗力**がはたらくので，雨滴の運動方程式は， 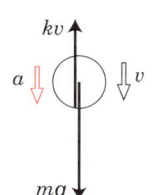
$ma = mg - kv$

(2) (1)の運動方程式から，
$a = g - \dfrac{k}{m}v \, [\text{m/s}^2]$

(3) 等速になると，加速度は0になるので，(2)の結果から，終端速度を$v_E\,[\text{m/s}]$とすれば，
$0 = g - \dfrac{k}{m}v_E$
よって，$v_E = \dfrac{mg}{k} \, [\text{m/s}]$

25 (1) $ma = \rho V g - mg - kv$
(2) $\dfrac{\rho V g}{m} - g - \dfrac{k}{m}v$
(3) $\dfrac{(\rho V - m)g}{k}$

解き方 (1) 発泡スチロール球にはたらく力は，**重力**と**浮力**，**抵抗力**であるから，発泡スチロール球の運動方程式は， 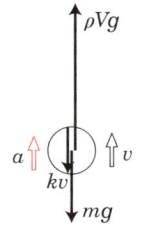
$ma = \rho V g - mg - kv$

(2) (1)の運動方程式より，
$a = \dfrac{\rho V g}{m} - g - \dfrac{k}{m}v \, [\text{m/s}^2]$

(3) 最終的に発泡スチロール球は等速になるので，加速度は0になる。このときの速さを$v_E\,[\text{m/s}]$とすれば，$0 = \dfrac{\rho V g}{m} - g - \dfrac{k}{m}v_E$
よって，$v_E = \dfrac{(\rho V - m)g}{k} \, [\text{m/s}]$

| テスト対策 | 運動方程式 |

運動方程式は，$ma=F$ の形で示される。左辺の ma は**(質量)×(加速度)**で，質量も加速度も1つに決まるので，まず左辺をこの形で書いてしまおう。右辺の F は物体にはたらく力の合力である。運動方程式をつくるためには，物体にはたらいている力を正確に見つけることが必要である。また，合力が考えにくい場合は，加速度方向と加速度に垂直な方向とに分けて考え，加速度方向の力を用いて，加速度方向の運動方程式をつくっても同じ結果になる。

入試問題にチャレンジ！ の答 →本冊 p.24

1 (1) 4m/s (2) -0.5m/s^2 (3) -1m/s
  (4) 12m (5) 16m

解き方 (1) 初速度はグラフの切片であるから 4m/s である。

(2) 加速度 $a\,[\text{m/s}^2]$ は $v\text{-}t$ グラフの傾きで与えられるので，
$$a=\frac{-2-4}{12-0}=-0.5\,[\text{m/s}^2]$$

(3) グラフを式で表すと，
$$v=4-0.5t$$
となるので，時刻 $t=10\text{s}$ の瞬間の速度は，
$$4-0.5\times10=-1.0\,[\text{m/s}]$$

(4) 変位はグラフの面積から求められるので，
$$x=\frac{1}{2}\times8\times4+\frac{1}{2}\times(12-8)\times(-2)$$
$$=12\,[\text{m}]$$

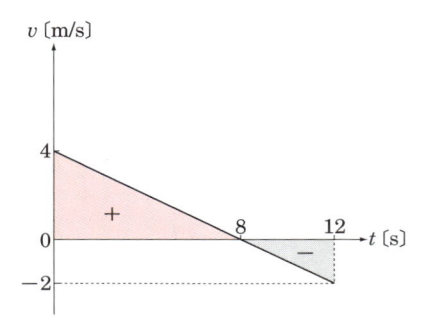

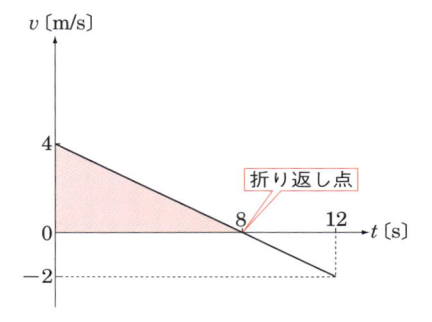

(別解) 初速度 4m/s，加速度 -0.5m/s^2 であるから，等加速度直線運動の式
$$x=v_0 t+\frac{1}{2}at^2$$
より，
$$x=4\times12+\frac{1}{2}\times(-0.5)\times12^2$$
$$=12\,[\text{m}]$$

(5) 直線上を運動している物体が向きを変えるとき，速さが0になる。運動の向きを変える場所が原点から最も遠ざかっているところなので，$t=8\text{s}$ までに移動した距離を求めればよい。移動距離は $v\text{-}t$ グラフの面積で求められるので，
$$x=\frac{1}{2}\times8\times4=16\,[\text{m}]$$

(別解) 初速度 4m/s，加速度 -0.5m/s^2 であるから，等加速度直線運動の式
$$x=v_0 t+\frac{1}{2}at^2$$
より，
$$x=4\times t+\frac{1}{2}\times(-0.5)\times t^2$$
となる。
この式を平方完成すると，
$$x=-\frac{1}{4}(t^2-16t)$$
$$=-\frac{1}{4}(t^2-16t+64)+\frac{1}{4}\times64$$
$$=-\frac{1}{4}(t-8)^2+16$$

これから $t=8\text{s}$ で最大値 $x=16\text{m}$ になることがわかる。

2 (1) **78m** (2) **6.0s** (3) **29m/s**
(4) **1.0s** (5) **39m/s**

解き方 (1) 最高点では速さが0になるので，鉄塔頂上から最高点までの高さをh〔m〕とすれば，等加速度直線運動の式 $v^2-v_0^2=2ax$ より，
$$0^2-29.4^2=2\times(-9.8)\times h$$
これから，$h=\dfrac{29.4^2}{2\times 9.8}=44.1$〔m〕
よって，地面から最高点までの高さをH〔m〕とすれば，
$$H=34.3+44.1=78.4\text{〔m〕}$$

(2) 小球が再び鉄塔頂上に戻ってくると変位が0になるので，小球が再び鉄塔頂上に戻ってくるまでの時間をt_1〔s〕とすれば，等加速度直線運動の式 $x=v_0 t+\dfrac{1}{2}at^2$ より，
$$0=29.4\times t_1+\dfrac{1}{2}\times(-9.8)\times t_1^2$$
$$0=4.9t_1(6-t_1)$$
よって，$t_1=6$s

(3) 小球が再び鉄塔頂上に戻ってきたときの速度をv_1〔m/s〕とすれば，等加速度直線運動の式 $v=v_0+at$ より，
$$v_1=29.4+(-9.8)\times 6=-29.4\text{〔m/s〕}$$
負号（−）は下向きであることを表している。

(4) 小球が再び鉄塔頂上に戻ってきてから地面に達するまでの時間をt_2〔s〕とすれば，等加速度直線運動の式 $x=v_0 t+\dfrac{1}{2}at^2$ より，
$$34.3=29.4\times t_2+\dfrac{1}{2}\times 9.8\times t_2^2$$
$$4.9(t_2-1)(t_2+7)=0$$
$t_2>0$ より，$t_2=1$s

(5) 小球が地面に達したときの速さをv_2〔m/s〕とすれば，等加速度直線運動の式 $v=v_0+at$ より，
$$v_2=29.4+9.8\times 1=39.2\text{〔m/s〕}$$

3 (1) L^3 (2) $L^3 g$
(3) $L^2(L-H)g$ (4) **3.0**

解き方 (1) 密度の定義は「単位体積あたりの質量」であるから，$\rho=\dfrac{m}{V}$ となる。よって，$m=\rho V$ である。材木の体積はL^3〔m³〕であるから，材木の質量m〔kg〕は，
$$m=\rho L^3\text{〔kg〕}$$

(2) 材木の質量がρL^3であるから，材木にはたらく重力の大きさは$\rho L^3 g$である。

(3) 材木の水に沈んでいる部分の体積は$L^2(L-H)$であるから，浮力 $F=\rho Vg$ より，材木にはたらく浮力F〔N〕は，
$$F=\rho_0 L^2(L-H)g$$

(4) 材木にはたらく重力と浮力はつり合っているので，
$$\rho L^3 g=\rho_0 L^2(L-H)g$$
よって，
$$H=\dfrac{\rho_0-\rho}{\rho_0}L$$
$$=\dfrac{1.0\times 10^{-3}-7.0\times 10^{-4}}{1.0\times 1.0^{-3}}\times 10.0$$
$$=3.0\text{〔cm〕}$$

4 (1) $N: mg\cos\theta$ $F_0: \mu mg\cos\theta$
(2) $m(\sin\theta-\mu\cos\theta)$
(3) 張力：$\dfrac{M_2 m(\sin\theta-\mu'\cos\theta+1)g}{M_2+m}$

加速度：$\dfrac{m(\sin\theta-\mu'\cos\theta)-M_2}{M_2+m}g$

解き方 (1) 斜面に垂直な方向の力はつり合っているので，
$$N=mg\cos\theta$$
最大摩擦力F_0は，$F_{max}=\mu N$ より，
$$F_0=\mu mg\cos\theta$$

(2) 物体Aがすべり出す直前なので，物体Aにはたらく摩擦力は斜面平行上向きで，最大摩擦力になっている。糸の張力をT_0として，物体Aにはたらく力のつり合いの式は，
$$mg\sin\theta=\mu mg\cos\theta+T_0$$
物体Bにはたらく力のつり合いの式は，
$$T_0=M_1 g$$
この2式より，
$$M_1=m(\sin\theta-\mu\cos\theta)$$

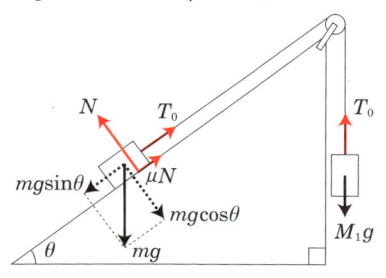

(3) 物体A, Bの加速度の大きさをa〔m/s²〕, 糸の張力の大きさをT〔N〕とすれば, 物体Aの運動方程式は,
$$ma = mg\sin\theta - \mu' mg\cos\theta - T$$
物体Bの運動方程式は,
$$M_2 a = T - M_2 g$$
となるので, この2式より,
$$a = \frac{m(\sin\theta - \mu'\cos\theta) - M_2}{M_2 + m}g$$
$$T = \frac{M_2 m(\sin\theta - \mu'\cos\theta + 1)g}{M_2 + m}$$

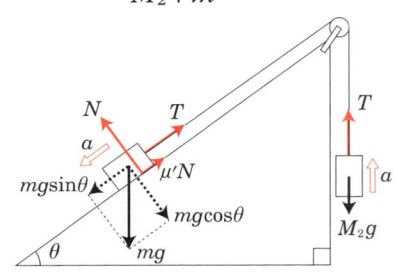

4章 仕事と力学的エネルギー

基礎の基礎を固める！の答 ⇒本冊 p.27

23 ❶ 50

解き方 $W = Fs\cos\theta$ より,
$5.0 \times 10 = 50$ 〔J〕

24 ❷ 25

解き方 $W = Fs\cos\theta$ より,
$5.0 \times 10 \times \cos 60° = 25$ 〔J〕

25 ❸ 0

解き方 垂直抗力は移動方向に垂直にはたらいているので, 仕事をしない。

26 ❹ 30

解き方 仕事率は1s間あたりにする仕事なので,
$\frac{300}{10} = 30$ 〔W〕

27 ❺ 200

解き方 $\frac{1}{2}mv^2$ より, $\frac{1}{2} \times 4.0 \times 10^2 = 200$ 〔J〕

28 ❻ 増加 ❼ 128 ❽ 8.0

解き方 物体はされた仕事だけ運動エネルギーは増加する。これをエネルギーの原理という。
エネルギーの原理より, 物体のもつ運動エネルギーは, $\frac{1}{2} \times 4.0 \times 5.0^2 + 78 = 128$ 〔J〕
このときの物体の速さをv〔m/s〕とすれば,
$$\frac{1}{2} \times 4.0 \times v^2 = 128$$
よって, $v = \sqrt{64} = 8.0$ 〔m/s〕

29 ❾ 196 ❿ −98

解き方 高さ10mの位置にあるとき, 物体のもつ重力による位置エネルギーは, mgh より,
$2.0 \times 9.8 \times 10 = 196$ 〔J〕
高さが基準点より5.0m低い位置にあるとき, 物体のもつ重力による位置エネルギーは,
$2.0 \times 9.8 \times (-5.0) = -98$ 〔J〕

（補足）重力による位置エネルギーは, 基準のとり方によって値が変わる。位置エネルギーの基準はどこにとることもできるが, 1つの問題を解くときは, 一度決めた基準を途中で変えないようにしよう。

30 ⓫ 4.0 ⓬ 1.0

解き方 ばね定数200N/mのばねを20cm伸ばしたとき, ばねに蓄えられる弾性エネルギーは
$\frac{1}{2}kx^2$ より, $\frac{1}{2} \times 200 \times 0.20^2 = 4.0$ 〔J〕
ばねを10cm縮めたとき, ばねに蓄えられる弾性エネルギーは, $\frac{1}{2} \times 200 \times 0.10^2 = 1.0$ 〔J〕

（補足）弾性力による位置エネルギーは, ばねが伸びているときも, ばねが縮んでいるときも正である。

31 ⓭ する

解き方 重力や弾性力などの保存力のみが仕事をして物体が運動しているとき, 物体のもつ力学的エネルギーは保存する。

32 ⑭ 垂直抗 ⑮ する ⑯ 14

解き方 保存力以外の力である垂直抗力が仕事をしていないので，力学的エネルギーは保存する。物体の質量を m[kg]，B点を通過するときの物体の速さを v[m/s]とすれば，力学的エネルギー保存の法則より，

$$\frac{1}{2}mv^2 = m \times 9.8 \times 10$$

よって，$v = \sqrt{2 \times 9.8 \times 10} = 14$ [m/s]

33 ⑰ 張 ⑱ する ⑲ 1.96

解き方 保存力以外の力である張力が仕事をしていないので，力学的エネルギーは保存する。物体の質量を m[kg]，最下点を通過するときの物体の速さを v[m/s]とすれば，力学的エネルギー保存の法則より，

$$\frac{1}{2}mv^2 = m \times 9.8 \times 0.392(1-\cos 60°)$$

よって，$v = \sqrt{9.8 \times 0.392} = 1.96$ [m/s]

34 ⑳ 弾性 ㉑ する

解き方 物体にはたらく重力と垂直抗力は運動方向と垂直にはたらいているので仕事をしない。弾性力のみが仕事をしているので，力学的エネルギーは保存する。

35 ㉒ しない ㉓ 増加

解き方 保存力以外の力が仕事をする物体の運動では，力学的エネルギーは保存しない。物体のもつ力学的エネルギーは，保存力以外の力のした仕事の分だけ増加する。

テストによく出る問題を解こう！ の答 →本冊 p.29

26 (1) 490J (2) 0J
(3) 490J (4) 490J

解き方 (1) 斜面AB上を物体をもち上げるために加える力の大きさは，$5.0 \times 9.8 \times \sin 30°$ であり，斜面ABの長さが $\dfrac{10}{\sin 30°}$ であるから，斜面ABを使ってAからBにもち上げるときの仕事は，

$$5.0 \times 9.8 \times \sin 30° \times \frac{10}{\sin 30°} = 490 \text{[J]}$$

(2) なめらかな水平面上をAからD′まで運ぶ仕事は0Jである。

(3) D′からBまで鉛直方向にもち上げるとき，加える力の大きさは 5.0×9.8 であるから，このときの仕事は，

$$5.0 \times 9.8 \times 10 = 490 \text{[J]}$$

(4) (2)，(3)の結果より，$0 + 490 = 490$ [J]

27 (1) 39J (2) 0J
(3) 0J (4) −31J
(5) 7.8J (6) 2.8m/s

解き方 (1) $W = Fs\cos\theta$ より，

$9.8 \times 4.0 = 39.2$ [J]

(2) 重力は運動方向と垂直にはたらくので，仕事をしない。よって，0Jである。

(補足) $W = Fs\cos\theta$ より，重力の大きさが 2.0×9.8 であるから，

$2.0 \times 9.8 \times 4.0 \times \cos 90° = 0$ [J]

としてもよい。

(3) 垂直抗力は運動方向と垂直にはたらくので，仕事をしない。よって，0Jである。

(4) 動摩擦力の大きさは $0.40 \times 2.0 \times 9.8$ であるから，$W = Fs\cos\theta$ より，

$0.40 \times 2.0 \times 9.8 \times 4.0 \times \cos 180° = -31.36$ [J]

(5) 物体に加えられた仕事は，物体にはたらいている力のした仕事の和になるので，

$39.2 + 0 + 0 + (-31.36) = 7.84$ [J]

(6) 物体はされた仕事の分だけ運動エネルギーが増加するので，4.0m引っ張られたときの物体の速さを v[m/s]とすれば，

$$\frac{1}{2} \times 2.0 \times v^2 = 7.84$$

よって，$v = \sqrt{7.84} = 2.8$ [m/s]

28 (1) mgh (2) 0 (3) mgh (4) 0
(5) $\dfrac{1}{2}mv^2$ (6) $\dfrac{1}{2}mv^2$ (7) $\sqrt{2gh}$

解き方 (1) 位置エネルギーの基準点がB点であるから，A点の高さは h である。よって，点Aにおける物体のもつ重力による位置エネルギーは mgh である。

(2) 点Aでは速さが 0m/s であるから，運動エネルギーも0Jである。

(3) 力学的エネルギーは位置エネルギーと運動エネルギーの和であるから，$mgh + 0 = mgh$

(4) 位置エネルギーの基準点がB点であるから，B点における物体のもつ重力による位置エネルギーは0Jである。

(5) 点Bにおける物体の速さをvとしたのであるから，運動エネルギーは$\frac{1}{2}mv^2$である。

(6) 力学的エネルギーは位置エネルギーと運動エネルギーの和であるから，$0+\frac{1}{2}mv^2=\frac{1}{2}mv^2$

(7) 点Aから点Bへ運動するとき，物体にはたらく力は重力と垂直抗力であり，垂直抗力は運動方向に垂直にはたらいているので，仕事をしない。保存力である重力のみが仕事をしているので，力学的エネルギーは保存する。**力学的エネルギー保存の法則**より，
$$mgh=\frac{1}{2}mv^2$$
よって，$v=\sqrt{2gh}$

> **テスト対策　力学的エネルギー①**
>
> 　力学的エネルギーは，保存力のみが仕事をしている場合は保存する。保存力以外の力がはたらいていても，仕事をしなければ力学的エネルギーは保存する。
>
> 　力学的エネルギー保存の法則を使うとき，位置エネルギーの基準を定めてから式を立てることを中心に解答を考えてきたが，力学的エネルギーが保存するときは，位置エネルギーが減少した量だけ運動エネルギーが増加すれば力学的エネルギーは保存することになるので，
>
> 　　**位置エネルギーの減少量**
> 　　**＝運動エネルギーの増加量**
>
> の形で，式をつくることもできる。また，逆に，
>
> 　　**位置エネルギーの増加量**
> 　　**＝運動エネルギーの減少量**
>
> の場合もある。

29 (1) mgh　(2) $\frac{1}{2}mv_1^2$

(3) $\sqrt{2gh}$　(4) $\frac{1}{2}mgh+\frac{1}{2}mv_2^2$

(5) $\sqrt{gh}$　(6) h

解き方 (1) 点Eは基準面から高さhにあるので，重力による位置エネルギーはmghである。また，点Eでの速さが0であるから，運動エネルギーは0である。よって，点Eにあるときの力学的エネルギーは，
$$mgh+0=mgh$$

(2) 点Fでは位置エネルギーは0であり，運動エネルギーは$\frac{1}{2}mv_1^2$である。よって，点Fにあるときの力学的エネルギーは，
$$0+\frac{1}{2}mv_1^2=\frac{1}{2}mv_1^2$$

(3) 点Eから点Fへ運動するとき，物体にはたらく力は**重力**と**垂直抗力**であり，垂直抗力は運動方向に垂直にはたらいているので，仕事をしない。保存力である重力のみが仕事をしているので，力学的エネルギーは保存する。**力学的エネルギー保存の法則**より，
$$mgh=\frac{1}{2}mv_1^2$$
よって，$v_1=\sqrt{2gh}$

(4) 点Gの高さは$\frac{h}{2}$であるから，点Gでは位置エネルギーは$\frac{1}{2}mgh$であり，運動エネルギーは$\frac{1}{2}mv_2^2$である。よって，点Gにあるときの力学的エネルギーは，
$$\frac{1}{2}mgh+\frac{1}{2}mv_2^2$$

(5) 点Eから点Gへ運動するとき，物体にはたらく力は**重力**と**垂直抗力**であり，垂直抗力は運動方向に垂直にはたらいているので，仕事をしない。保存力である重力のみが仕事をしているので，力学的エネルギーは保存する。**力学的エネルギー保存の法則**より，
$$mgh=\frac{1}{2}mgh+\frac{1}{2}mv_2^2$$
よって，$v_2=\sqrt{gh}$

(6) 曲面CD上で，物体が上がる最高点では速さが0になるので，最高点の高さをH〔m〕とすれば，**力学的エネルギー保存の法則**より，
$$mgh=mgH$$
よって，$H=h$

30 (1) $-mgl\cos\theta$ (2) $\dfrac{1}{2}mv^2-mgl$
  (3) $\sqrt{2gl(1-\cos\theta)}$

解き方 (1) 重力による位置エネルギーの基準点が O 点であるから，点 B における位置エネルギーは $-mgl\cos\theta$ である。また，点 B での速さは 0 なので，運動エネルギーも 0 である。よって，点 B における力学的エネルギーは，
$$-mgl\cos\theta + 0 = -mgl\cos\theta$$

(2) 点 A における位置エネルギーは $-mgl$，運動エネルギーは $\dfrac{1}{2}mv^2$ であるから，力学的エネルギーは，$-mgl+\dfrac{1}{2}mv^2$

(3) 点 B から点 A へ運動するとき，物体にはたらく力は**重力**と**張力**であり，張力は運動方向に垂直にはたらいているので，仕事をしない。保存力である重力のみが仕事をしているので，力学的エネルギーは保存する。**力学的エネルギー保存の法則**より，
$$-mgl\cos\theta = -mgl+\dfrac{1}{2}mv^2$$
よって，$v=\sqrt{2gl(1-\cos\theta)}$

31 (1) $\dfrac{mg}{k}$ (2) 0
  (3) $\dfrac{1}{2}mv^2-\dfrac{m^2g^2}{2k}$
  (4) $g\sqrt{\dfrac{m}{k}}$ (5) $\dfrac{2mg}{k}$

解き方 (1) 物体には**重力**と**弾性力**がはたらいて静止しているので，力のつり合いより，
$$kx_0 = mg$$
よって，$x_0 = \dfrac{mg}{k}$

(2) 位置 B ではばねは自然長なので，弾性エネルギーは 0 である。位置 B を位置エネルギーの基準点としたのであるから，重力による位置エネルギーも 0 である。物体の速さは 0 であるから運動エネルギーも 0 である。よって，位置 B における力学的エネルギーは 0 である。

(3) 位置 A ではばねが x_0 伸びているので，弾性エネルギーは $\dfrac{1}{2}kx_0^2$ である。位置エネルギーは基準点から x_0 低い位置なので $-mgx_0$ である。

位置 A を通過するときの物体の速さを v としたので，運動エネルギーは $\dfrac{1}{2}mv^2$ である。よって，力学的エネルギーは，
$$\dfrac{1}{2}kx_0^2 - mgx_0 + \dfrac{1}{2}mv^2$$
(1)の結果を代入して，
$$\dfrac{1}{2}k\left(\dfrac{mg}{k}\right)^2 - mg\left(\dfrac{mg}{k}\right) + \dfrac{1}{2}mv^2$$
$$= \dfrac{1}{2}mv^2 - \dfrac{m^2g^2}{2k}$$

(4) 物体にはたらく力は重力と弾性力だけなので，力学的エネルギーは保存する。**力学的エネルギー保存の法則**より，
$$0 = \dfrac{1}{2}mv^2 - \dfrac{m^2g^2}{2k}$$
よって，$v = g\sqrt{\dfrac{m}{k}}$

(5) ばねがもっとも伸びたとき，物体の速さは 0 であり，ばねの伸びの長さを x としたのであるから，**力学的エネルギー保存の法則**より，
$$0 = \dfrac{1}{2}kx^2 - mgx$$
因数分解して，$0 = \dfrac{1}{2}x(kx-2mg)$
よって，$x = \dfrac{2mg}{k}$

32 (1) $\dfrac{1}{2}kx^2$ (2) $\dfrac{1}{2}mv^2$ (3) $x\sqrt{\dfrac{k}{m}}$
  (4) mgh (5) $\dfrac{kx^2}{2mg}$

解き方 (1) 重力による位置エネルギーの基準点を水平面 BC としたのであるから，ばねを x 縮めたときの力学的エネルギーは $\dfrac{1}{2}kx^2$ である。

(2) ばねが自然の長さに戻ったとき弾性エネルギーは 0 である。また，物体の速さは v となったのだから，運動エネルギーは $\dfrac{1}{2}mv^2$ である。よって，力学的エネルギーは $\dfrac{1}{2}mv^2$ である。

(3) ばねが自然の長さに戻るまで，弾性力のみが仕事をしているので，力学的エネルギーは保存する。力学的エネルギー保存の法則より，

$$\frac{1}{2}kx^2 = \frac{1}{2}mv^2$$

よって，$v = x\sqrt{\dfrac{k}{m}}$

(4) 物体が水平面から高さ h まで登ったとき，速さは0になるので，運動エネルギーも0になる。重力による位置エネルギーは mgh であるから，力学的エネルギーは mgh である。

(5) 物体が運動を始めてから，保存力のみが仕事をしているので，力学的エネルギーは保存する。力学的エネルギー保存の法則より，

$$\frac{1}{2}kx^2 = mgh$$

よって，$h = \dfrac{kx^2}{2mg}$

---

33 (1) $mgH + \dfrac{1}{2}mv_0^2$　(2) $\dfrac{1}{2}mv^2$

(3) $\sqrt{2gH + v_0^2}$

解き方 (1) 投げ出した点における高さは H であるから，位置エネルギーは mgH である。投げ出した速さは v_0 であるから，運動エネルギーは $\dfrac{1}{2}mv_0^2$ である。よって，投げ出した点における，小物体の力学的エネルギーは，

$$mgH + \frac{1}{2}mv_0^2$$

(2) 地面での位置エネルギーは0であり，運動エネルギーは $\dfrac{1}{2}mv^2$ であるから，小物体が地面に衝突する直前の力学的エネルギーは，

$$0 + \frac{1}{2}mv^2 = \frac{1}{2}mv^2$$

(3) 小物体には重力のみが仕事をしているので，力学的エネルギーは保存する。力学的エネルギー保存の法則より，

$$mgH + \frac{1}{2}mv_0^2 = \frac{1}{2}mv^2$$

よって，$v = \sqrt{2gH + v_0^2}$

---

34 (1) $mgL\sin\theta$　(2) $\dfrac{1}{2}mv^2$

(3) $-\mu mgL\cos\theta$

(4) $E_B = E_A + W$

(5) $\sqrt{2gL(\sin\theta - \mu\cos\theta)}$

解き方 (1) 基準点からの A 点の高さは $L\sin\theta$ であるから，位置エネルギーは $mgL\sin\theta$ である。A 点では速さが0なので運動エネルギーも0である。よって，A 点における力学的エネルギー E_A は，

$$E_A = mgL\sin\theta + 0 = mgL\sin\theta$$

(2) B 点で速さが v になるので，運動エネルギーは $\dfrac{1}{2}mv^2$ である。B 点を位置エネルギーの基準にとったのであるから，B 点における力学的エネルギー E_B は，

$$E_B = 0 + \frac{1}{2}mv^2 = \frac{1}{2}mv^2$$

(3) 物体にはたらく動摩擦力の大きさは $\mu mg\cos\theta$ であるから，摩擦力のした仕事 W は，

$$W = \mu mg\cos\theta \times L \times \cos 180°$$
$$= -\mu mgL\cos\theta$$

(4) 力学的エネルギーは，保存力以外の力がした仕事だけ増加するので，

$$E_B = E_A + W$$

(5) (4)の式に，(1)，(2)，(3)の結果を代入して，

$$\frac{1}{2}mv^2 = mgL\sin\theta - \mu mgL\cos\theta$$

よって，$v = \sqrt{2gL(\sin\theta - \mu\cos\theta)}$

> **テスト対策　力学的エネルギー②**
>
> 保存力以外の力が仕事をする場合，力学的エネルギーは保存しない。このとき，力学的エネルギーは保存力以外の力がした仕事の分だけ増加する。
>
> 力学的エネルギーが E_0〔J〕であった物体に，保存力以外の力が W〔J〕の仕事をして，力学的エネルギーが E〔J〕になったとき，
>
> $$E = E_0 + W$$
>
> の関係式が成り立つ。仕事が負の仕事（$W<0$）のとき，力学的エネルギーは減少することになる。

5章 熱とエネルギー

基礎の基礎を固める！の答 ➡本冊 p.37

36 ❶ 1 ❷ 1 ❸ 小さい ❹ 760

[解き方] 比熱は，物質1gの温度を1K上昇させる熱量で定義されている。そのため，比熱の大きい物質ほど温度の変化が小さく，1K温度を上昇させるために多くの熱を必要とするので，温度は上がりにくい。
$Q=mct$ より，$100×0.38×(40-20)=760$〔J〕

37 ❺ 1 ❻ 小さい ❼ 4000

[解き方] 熱容量は，物体の温度を1K上昇させる熱量で定義されている。そのため，熱容量の大きい物体ほど温度の変化が小さく，1K温度を上昇させるために多くの熱を必要とするので，温度は上がりにくい。
$Q=Ct$ より，$50×(90-10)=4000$〔J〕

38 ❽ 15 ❾ 高温 ❿ 低温 ⓫ 等しく

[解き方] 2つの物体を接触させておくと，熱は高温の物体から低温の物体に流れ，温度が等しくなると熱の流れは止まる。この状態を熱平衡という。よって，液体を入れた容器の温度は液体の温度に等しくなるので，液体の温度が15℃のとき，容器の温度も15℃である。

39 ⓬ 23 ⓭ $5700c$ ⓮ 2520 ⓯ 等しい ⓰ 0.44

[解き方] 物質の温度は水の温度と等しくなるので，物質の温度は23℃である。このとき物質の放出した熱量は，$Q=mct$ より，
$100×c×(80-23)=5700c$〔J〕
水の得た熱量は，
$200×4.2×(23-20)=2520$〔J〕
このとき，物質と水の間で熱の交換が行われているので，$5700c=2520$
よって，$c=\dfrac{2520}{5700}=0.442$〔J/(g·K)〕

40 ⓱ $6.8×10^4$

[解き方] 融解熱は物質1gの状態を変化させるのに必要な熱量であるから，
$3.4×10^2×200=68000≒6.8×10^4$〔J〕

41 ⓲ $3.5×10^5$

[解き方] 蒸発熱は物質1gの状態を変化させるのに必要な熱量であるから，
$2.3×10^3×150=345000≒3.5×10^5$〔J〕

42 ⓳ 1000

[解き方] $W=pΔV$ より，
$1.0×10^5×(0.020-0.010)=1000$〔J〕

43 ⓴ $1.0×10^{-2}$ ㉑ $1.0×10^3$ ㉒ 面積

[解き方] 気体の膨張した体積$ΔV$は，
$ΔV=2.0×10^{-2}-1.0×10^{-2}=1.0×10^{-2}$
となるので，気体のした仕事は，$W=pΔV$ より，
$1.0×10^5×1.0×10^{-2}=1.0×10^3$〔J〕

44 ㉓ 増加 ㉔ 減少 ㉕ 減少 ㉖ 増加 ㉗ 40

[解き方] 気体のもつ内部エネルギーは，外から熱を加えると増加し，外に熱を放出すると減少する。また，気体が外に仕事をすると減少し，外から仕事をされると増加する。よって，気体のもつ内部エネルギーの増加量は，$100-60=40$〔J〕

45 ㉘ 20

[解き方] $e=\dfrac{W}{Q}×100$ より，
$\dfrac{4.0×10^3}{2.0×10^4}×100=20$〔%〕

テストによく出る問題を解こう！の答 ➡本冊 p.39

35 (1) $8.4×10^3$J (2) $6.8×10^4$J
(3) $8.4×10^4$J (4) $4.6×10^5$J
(5) $6.2×10^5$J

[解き方] (1) $Q=mct$ より，
$200×2.1×\{0-(-20)\}=8400=8.4×10^3$〔J〕
(2) 融解熱は $3.4×10^2$J/g であるから，
$3.4×10^2×200=68000=6.8×10^4$〔J〕
(3) $Q=mct$ より，
$200×4.2×(100-0)=84000=8.4×10^4$〔J〕
(4) 蒸発熱は $2.3×10^3$J/g であるから，
$2.3×10^3×200=460000=4.6×10^5$〔J〕
(5) −20℃の氷200gがすべて100℃の水蒸気になるために必要な熱量は，(1)から(4)までの和に

なるので,
 $8400+68000+84000+460000$
 $=620400=6.2×10^5$〔J〕

テスト対策　熱　量

熱量を計算する場合,次の3つが基本になる。
①比熱
比熱 c〔J/(g・K)〕の物質 m〔g〕の温度を $\varDelta T$〔K〕上昇させる熱量 Q〔J〕は, $Q=mc\varDelta T$
②熱容量
熱容量 C〔J/K〕の物体の温度を $\varDelta T$〔K〕上昇させる熱量 Q〔J〕は, $Q=C\varDelta T$
③潜熱
潜熱 S〔J/g〕の物質 m〔g〕の状態を変化させる熱量 Q〔J〕は, $Q=Sm$

36 (1) t_1℃, 容器と水は熱平衡に達していたので, 容器と水の温度は等しくなる。
(2) $Mc(t_2-t_3)$　(3) $mc_0(t_3-t_1)$
(4) $C(t_3-t_1)$　(5) $\dfrac{(mc_0+C)(t_3-t_1)}{M(t_2-t_3)}$

解き方　(2) $Q=mct$ より, $Mc(t_2-t_3)$
(3) $Q=mct$ より, $mc_0(t_3-t_1)$
(4) $Q=Ct$ より, $C(t_3-t_1)$
(5) 金属の熱が水と容器に与えられたのであるから, $Mc(t_2-t_3)=mc_0(t_3-t_1)+C(t_3-t_1)$
よって, $c=\dfrac{(mc_0+C)(t_3-t_1)}{M(t_2-t_3)}$

37 (1) $1.2×10^5$Pa　(2) 59J　(3) 88J

解き方　(1) シリンダー内の気体の圧力を P〔Pa〕として, ピストンにはたらく力のつり合いの式をつくれば,
$P×4.9×10^{-3}$
$=10×9.8+1.0×10^5×4.9×10^{-3}$
となるので,
$P=\dfrac{10×9.8}{4.9×10^{-3}}+1.0×10^5=1.2×10^5$〔Pa〕

(2) シリンダー内の気体のした仕事 W は,
$W=p\varDelta V$ より,
$W=1.2×10^5×4.9×10^{-3}×0.10=58.8$〔J〕

(3) 熱力学の第1法則より, シリンダー内の気体の内部エネルギーの増加量 $\varDelta U$ は,
$\varDelta U=147-58.8=88.2$〔J〕

テスト対策　熱力学の第1法則

気体の内部エネルギーは外部から熱や仕事を加えられると増加し, 熱を放出したり, 気体が仕事をすると減少する。これが, 熱力学の第1法則で述べられている内容である。式だけを覚えても使いこなせない場合が多いので, 式や法則の意味をしっかり理解しておくとよい。

熱力学の第1法則を式で表しておこう。気体に Q〔J〕の熱が加えられ, W〔J〕の仕事をされたとき, 気体の内部エネルギーの増加量 $\varDelta U$〔J〕は,
$$\varDelta U=Q+W$$
である。また, 気体から Q〔J〕の熱が放出され, 気体が W〔J〕の仕事をしたとき, 気体の内部エネルギーの増加量 $\varDelta U$〔J〕は,
$$\varDelta U=-Q-W$$
で表される。

入試問題にチャレンジ！ の答　⇒本冊 p.41

5 ア：$\sqrt{2gh}$　イ：μmg　ウ：μmgS
エ：$mg(h-\mu S)$　オ：$\sqrt{2g(h-\mu S)}$
カ：$\dfrac{1}{2}k$　キ：$\sqrt{\dfrac{2mg(h-\mu S)}{k}}$

解き方　ア：力学的エネルギー保存の法則より,
$\dfrac{1}{2}mv_B^2=mgh$ となるので, $v_B=\sqrt{2gh}$

イ：面に垂直な方向の力はつり合っているので, 小物体の受ける垂直抗力の大きさを N〔N〕とすれば, $N=mg$
よって, 物体にはたらく動摩擦力の大きさ F〔N〕は, $F=\mu N=\mu mg$〔N〕

ウ：小物体が摩擦力によってされた仕事 W〔J〕は,
$W=-\mu mgS$
である。力学的エネルギーは保存力以外の力のした仕事だけ増加するが, 摩擦力のした仕事は負の仕事なので, μmgS だけ力学的エネルギーは減少する。

エ：小物体の点Bにおける力学的エネルギーは mgh であるから, 点Cにおける力学的エネルギー E_C〔J〕は,
$E_C=mgh-\mu mgS=mg(h-\mu S)$

オ：点Cにおける小物体の速さ v_C [m/s] は，
$$\frac{1}{2}mv_C^2 = mg(h-\mu S)$$
より，$v_C = \sqrt{2g(h-\mu S)}$

カ：ばねが x 縮んだときの弾性エネルギー U [J] は，
$$U = \frac{1}{2}kx^2$$

キ：**力学的エネルギー保存の法則**より，
$$mg(h-\mu S) = \frac{1}{2}kx^2$$
となるので，$x = \sqrt{\dfrac{2mg(h-\mu S)}{k}}$

6 (1) $\dfrac{mg}{k}$ (2) $\dfrac{1}{2}mv_0^2 + \dfrac{1}{2}kx_0^2 - mgx_0$

(3) $\dfrac{1}{2}mv^2 + \dfrac{1}{2}kx^2 - mgx$

(4) 伸び：$\dfrac{mg}{k} + v_0\sqrt{\dfrac{m}{k}}$　速さ：0

解き方 (1) おもりにはたらく力のつり合いより，
$$kx_0 = mg$$
となるので，$x_0 = \dfrac{mg}{k}$

(2) 自然長の位置を基準にしているので，力学的エネルギー E_0 は，
$$E_0 = \frac{1}{2}mv_0^2 + \frac{1}{2}kx_0^2 - mgx_0$$

(3) 力学的エネルギー E は，
$$E = \frac{1}{2}mv^2 + \frac{1}{2}kx^2 - mgx$$

(4) 保存力である重力と弾性力のみが仕事をしているので，力学的エネルギーが保存する。ばねが最大に伸びたとき，おもりの速さは0になるので，最大の伸びの長さを x_m とすれば，**力学的エネルギー保存の法則**より，
$$\frac{1}{2}kx_m^2 - mgx_m = \frac{1}{2}mv_0^2 + \frac{1}{2}kx_0^2 - mgx_0$$

(1)の結果を用いて，$x_0 = \dfrac{mg}{k}$ を代入すれば，
$$\frac{1}{2}kx_m^2 - mgx_m = \frac{1}{2}mv_0^2 - \frac{m^2g^2}{2k}$$

解の公式を用いて，
$$x_m = \frac{mg}{k} + v_0\sqrt{\frac{m}{k}}$$

7 (1) $\sqrt{2g(h_1-h_2)}$

(2) A点から h_1 の高さまで上がる。

解き方 (1) A点を位置エネルギーの基準とすれば，B点の力学的エネルギー E_B は，
$$E_B = mgh_1$$
E点の力学的エネルギー E_E は，
$$E_E = mgh_2 + \frac{1}{2}mv^2$$

糸の張力はおもりの運動方向に垂直にはたらくので仕事をしない。仕事をしているのは保存力である重力のみなので，力学的エネルギーは保存する。**力学的エネルギー保存の法則**より，
$$mgh_1 = mgh_2 + \frac{1}{2}mv^2$$
よって，$v = \sqrt{2g(h_1-h_2)}$

(2) 最高点ではおもりの速さが0になるので，最下点のA点からの高さを h とすれば，**力学的エネルギー保存の法則**より，$mgh = mgh_1$
よって，$h = h_1$
これから，B点と同じ高さまで上がることがわかる。

8 (1) **1800 J** (2) **0.45 J/(g·K)** (3) **92℃**

解き方 (1) 水と熱量計の温度が18.9℃から20.9℃に上昇したのは，金属球から熱をもらったためなので，金属球から水と熱量計に移動した熱量 Q [J] は，
$$Q = 200 \times 4.2 \times (20.9-18.9)$$
$$+ 50 \times (20.9-18.9)$$
$$= 1780 \fallingdotseq 1800 \text{ [J]}$$

(2) 金属球の比熱を c [J/(g·K)] とすれば，
$$1780 = 50 \times c \times (100.0-20.9)$$
となるので，
$$c = \frac{1780}{50 \times (100.0-20.9)} = 0.450 \text{ [J/(g·K)]}$$

(3) 金属球の温度が t [℃] であったとすれば，(1)，(2)と同様に，**熱量保存**の考えを用いて，
$$50 \times 0.450 \times (t-20.7)$$
$$= 200 \times 4.2 \times (20.7-18.9)$$
$$+ 50 \times (20.7-18.9)$$
となるので，$t = 91.9 \fallingdotseq 92$ [℃]

9 (1) ① (2) ① (3) ② (4) ② (5) ①

解き方 (1) 気体に熱を加えると気体は膨張し，体

(2) 気体は膨張すると，外に仕事をする。
(3) 気体を圧縮すると，気体の体積は小さくなる。
(4) 気体は圧縮されたので，外から仕事をされた。
(5) 熱の出入りがない状態で気体は仕事をされたのだから，熱力学の第1法則より気体の内部エネルギーは増加する。気体の内部エネルギーは温度のみによって決まるので，内部エネルギーが増加すると温度は上がる。

2編 波・電気・原子とエネルギー

1章 波の表し方

基礎の基礎を固める！の答 ⇒本冊 p.45

1 ❶ 波長 ❷ 振幅 ❸ 周期 ❹ 振動数

解き方 波長：となり合う山と山の距離を波長という。また，となり合う谷と谷の距離も波長である。この距離を波形に当てはめたとき，波形の中でとなり合う同じ形をした間隔が波長であると考えることができる。
振幅：山の高さ，または谷の深さを振幅といい，変位の最大値。
周期：媒質が1回振動する時間。
振動数：媒質が単位時間(1秒間)に振動する回数。

2 ❺ 縦波 ❻ 横波

解き方 波の伝わる方向に対して，媒質の振動方向が平行な波を縦波(疎密波)といい，音波は縦波である。波の伝わる方向に対して，媒質の振動方向が垂直な波を横波といい，電磁波(光や電波など)や水面波は横波である。

3 ❼ 4.0 ❽ 0.10

解き方 隣どうしの山の間隔から波長 λ を求めると，
$\lambda = 6.0 - 2.0 = 4.0$ [m]
山の高さから振幅 A を求めると，$A = 0.10$ m

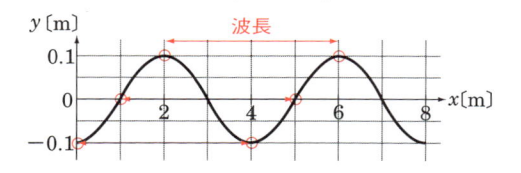

4 ❾ 5.0 ❿ 5.0

解き方 周期が 0.20s であるから，振動数 f [Hz] は，
$f = \dfrac{1}{T}$ より，$f = \dfrac{1}{0.20} = 5.0$ [Hz]
波長 $\lambda = 1.0$ m であるから，$v = f\lambda$ より，
$v = 5.0 \times 1.0 = 5.0$ [m/s]

5 ⓫ 正

解き方 縦波を横波表示に直すには，縦波の伝わる方向に x 軸をとったとき，x 軸の正の向きの変位を y 軸の正の向きに，x 軸の負の向きの変位を y 軸の負の向きにとる。または，変位を反時計回りに 90° 回転させると考えることもできる。

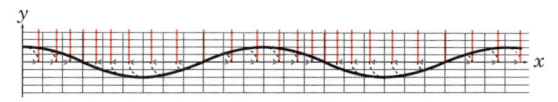

6 下図

解き方 変位ベクトルの矢印を，反時計回りに 90° 回転させて，矢印の先端をなめらかな曲線で結ぶと，解答のようなグラフになる。

テストによく出る問題を解こう！の答 ⇒本冊 p.46

1 (1) 320m/s
(2) 振動数：4.0Hz 周期：0.25s
(3) 2.0m

解き方 (1) $v = f\lambda$ より，
$0.80 \times 400 = 320$ [m/s]

(2) $v = f\lambda$ より，$f = \dfrac{2.0}{0.50} = 4.0$ [Hz]

$T = \dfrac{1}{f}$ より，$T = \dfrac{1}{4.0} = 0.25$ [s]

(3) $v = f\lambda$ より，$\lambda = \dfrac{20}{10} = 2.0$ [m]

2

(1) 下図

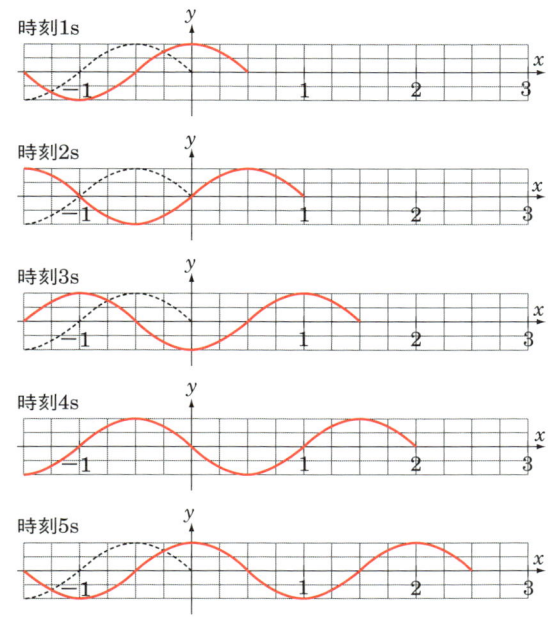

(2) 波長：2.0m　振動数：0.25Hz　周期：4.0s

解き方 (1) 波の伝わる速さが 0.50m/s であるから，時刻 1s までには，0.50×1=0.50〔m〕伝わる。そこで山も谷もすべて x 軸の正方向に 0.50m 移動させればよい。時刻 2s, 3s, 4s, 5s までには，それぞれ，

　　0.50×2=1.0〔m〕　　0.50×3=1.5〔m〕
　　0.50×4=2.0〔m〕　　0.50×5=2.5〔m〕

伝わるので，解答の図のようになる。

(2) 図から，この波の山から谷までの長さが $-0.5-(-1.5)=1.0$〔m〕であることが読み取れるので，波長 λ〔m〕は，$\lambda=1.0\times2=2.0$〔m〕

$v=f\lambda$ より，振動数 f〔Hz〕は，

$$f=\frac{0.50}{2.0}=0.25〔Hz〕$$

$T=\dfrac{1}{f}$ より，周期 T〔s〕は，

$$T=\frac{1}{0.25}=4.0〔s〕$$

3

(1) 振幅：0.20m　波長：0.80m

(2) 0.50m/s

(3) 振動数：0.625Hz　周期：1.6s

(4) 下図

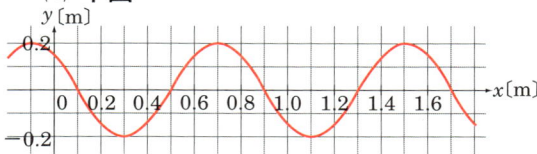

(5) 下図

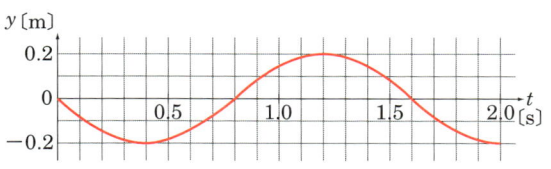

解き方 (1) 山の高さから振幅は 0.20m である。隣どうしの山から山までの距離から波長 λ〔m〕を求めると，$\lambda=1.0-0.20=0.80$〔m〕

(2) 0.6s 間で実線の波が破線の位置まで伝わったのであるから，山の位置に注目して，波の伝わる速さ v〔m/s〕は，

$$v=\frac{0.5-0.2}{0.6}=0.50〔m/s〕$$

(3) $v=f\lambda$ より，$f=\dfrac{v}{\lambda}=\dfrac{0.50}{0.80}=0.625$〔Hz〕

$T=\dfrac{1}{f}$ より，$T=\dfrac{1}{0.625}=1.6$〔s〕

(4) 波の伝わる速さが 0.50m/s であるから，1.0s 間で波が伝わる距離は，0.50×1.0=0.50〔m〕である。時刻 0s において $x=0.20$m の位置にあった波の山は，時刻 1.0s においては，0.20+0.50=0.70〔m〕に達するので，時刻 1.0s における波形は解答の図のようになる。

(5) 原点における媒質の変位は，時刻 0s で $y=0$ であり，実線の波形を x 軸方向にわずかにずらすと，最初は y 軸の負の方向に変位し始めることがわかる。よって，原点における媒質の変位のグラフは解答の図のようになる。

4

(1) 0.80m　(2) 375Hz
(3) 0.4, 1.2　(4) 0, 0.8, 1.6
(5) 0.2, 0.6, 1.0, 1.4
(6) 0, 0.4, 0.8, 1.2, 1.6

解き方 (1) 問題のグラフにおいて，隣どうしの山の位置が 0.20m と 1.0m であるから，波長 λ〔m〕は，$\lambda=1.0-0.20=0.80$〔m〕

(2) 波の伝わる速さが 300m/s であるから，

$v=f\lambda$ より，$f=\dfrac{v}{\lambda}=\dfrac{300}{0.80}=375$〔Hz〕

(3)(4) 横波表示にした変位を元の縦波表示に戻すと，下図のようになる。

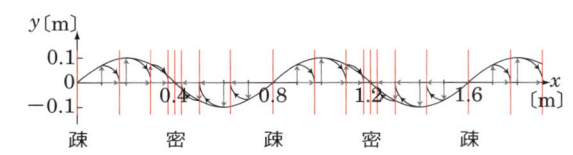

$0 \leq x \leq 1.6$ の範囲で，密度のもっとも大きい場所は 0.4m，1.2m であり，密度のもっとも小さい場所は 0m，0.8m，1.6m である。

(5) 媒質の振動の速さが 0 になる場所は山と谷の場所であるから，$0 \leq x \leq 1.6$ の範囲で，0.2m，0.6m，1.0m，1.4m である。

(6) 媒質の振動の速さがもっとも速くなる場所は変位が 0 の場所であるから，$0 \leq x \leq 1.6$ の範囲で，0m，0.4m，0.8m，1.2m，1.6m である。

5 (1) 振幅：**0.15m**　波長：**0.80m**
(2) 振動数：**0.625Hz**　周期：**1.6s**
(3) 下図

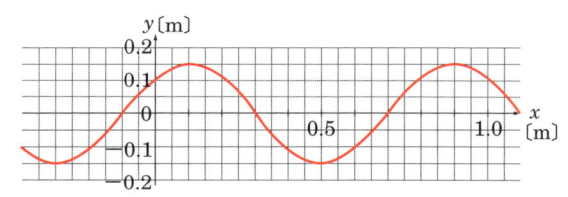

(4) 下図

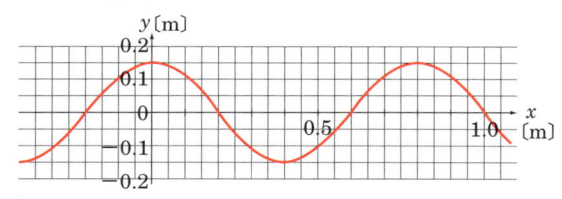

(5) 下図

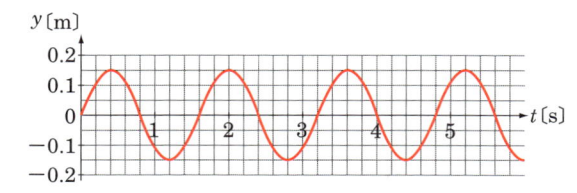

解き方 (1) グラフより，振幅は山の高さから 0.15m である。また，$x=0$ と同じ形をしているところは $x=0.8$ であるから，波長は 0.80m である。

(2) $v=f\lambda$ より，振動数 f〔Hz〕は，
$$f=\frac{v}{\lambda}=\frac{0.50}{0.80}=0.625 \text{〔Hz〕}$$

$T=\dfrac{1}{f}$ より，
$$T=\frac{1}{0.625}=1.6 \text{〔s〕}$$

(3) この波は，x 軸の負の方向に速さ 0.50m/s で伝わるから，0.20s 間では，
$$0.50 \times 0.20 = 0.10 \text{〔m〕}$$
だけ，x 軸の負の方向へ伝わる。
よって，解答の図のようになる。

(4) 10s 間では，
$$0.50 \times 10 = 5.0 \text{〔m〕}$$
だけ，x 軸の負の方向へ伝わる。この距離は，
$$\frac{5.0}{0.80}=6.25$$
波長分伝わることを意味するので，6 波長分と
$$0.25 \times 0.80 = 0.20 \text{〔m〕}$$
だけ波は伝わる。
したがって，時刻 0s の波形を x 軸の負の方向へ 0.20m だけずらせばよい。
よって，解答の図のようになる。

(5) 時刻 0s においては，原点における媒質の変位は 0 である。時刻 0s における波形を，波の伝わる方向（x 軸の負の方向）にわずかにずらすと，原点における媒質は y 軸の正の方向に変化することがわかる。
よって，原点 $x=0$ における媒質の振動のようすのグラフは解答の図のようになる。

テスト対策 波の伝わり方

波は，媒質が変わらない限り，形を変えずに伝わっていく。媒質が 1 回振動する時間（周期 T〔s〕）の間に，波は 1 波長（λ〔m〕）伝わるので，波の伝わる速さ v〔m/s〕は，$v=\dfrac{\lambda}{T}$ で与えられる。振動数 f〔Hz〕は，$f=\dfrac{1}{T}$ であるから，この 2 つの式から，$v=f\lambda$ の関係式が導かれる。この式を**波の基本式**と呼び，大切な式なので，繰り返し使って覚えよう。

2章 波の性質

基礎の基礎を固める！の答　⇒本冊 p.51

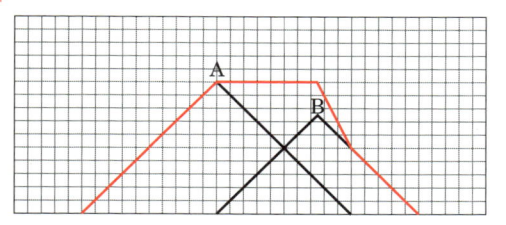

7 下図

[解き方] 波Aと波Bの変位を重ね合わせの原理によって足し合わせて合成波をつくる。

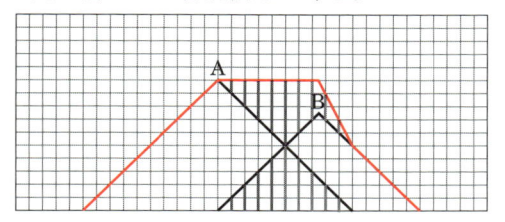

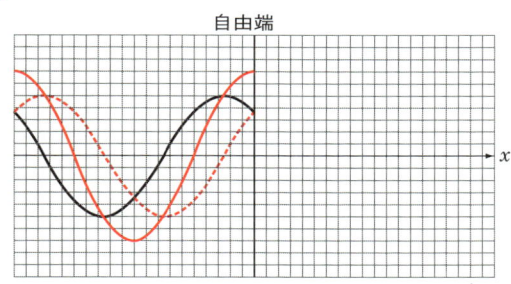

8 ❶ 腹

[解き方] 自由端の右側にも媒質があるとすれば、下図の破線のような波形が観測されるはずである。この波が反射して左側に伝わるのだから、反射波の波形は赤い破線のように描かれる。**重ね合わせの原理**を用いて、入射波と反射波の変位を足し合わせると赤色の実線のようになる。合成波の波形からわかるように、自由端では定常波の**腹**になる。

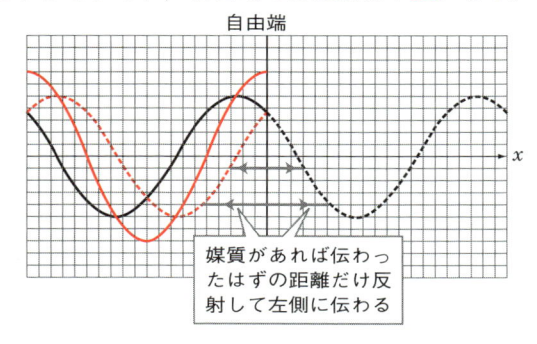

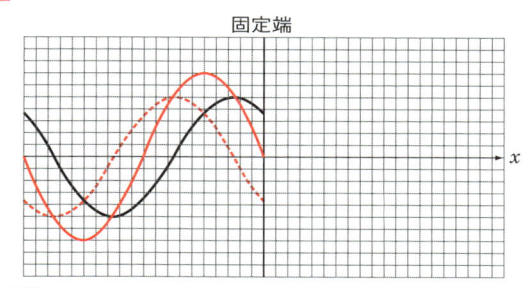

媒質があれば伝わったはずの距離だけ反射して左側に伝わる

9 ❷ 節

[解き方] 固定端では波の変位が反転するので、反転して固定端より右側に伝わる波を考える。そのために、下図の黒の破線のようにそのまま伝わる波を作図して、上下をひっくり返すうすい黒色の破線の波を作図する。この波が固定端で反射して、左側に伝わるのであるから、反射波の波形は赤色の破線で表される。**重ね合わせの原理**を用いて、入射波と反射波の変位を足し合わせると赤色の実線のようになる。合成波の波形からわかるように、固定端では定常波の**節**になる。

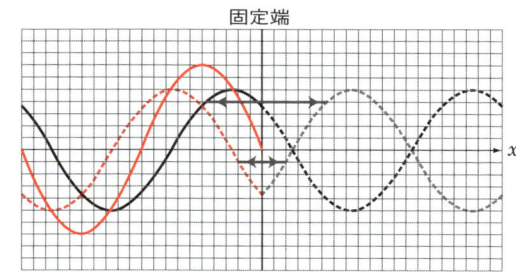

10 ❸ 0.80　❹ 0.20
　　❺ 0.30, 0.70, 1.10
　　❻ 0.10, 0.50, 0.90

[解き方] 2つの進行波を合成するとうすい黒色の波形が描ける。この合成波の山から山までの距離が波長になるので、波長 λ [m]は、

$$\lambda = 1.1 - 0.3 = 0.80 \text{[m]}$$

と求められる。振幅は、定常波をつくる進行波の2倍になるので、$0.10 \times 2 = 0.20$ [m]
合成波の図より、定常波の腹の位置は、0.3, 0.7, 1.1 であり、定常波の節の位置は、0.1, 0.5, 0.9 である。

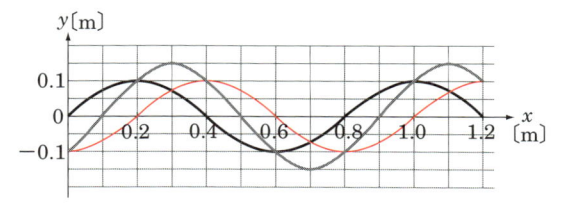

テストによく出る問題を解こう！の答　→本冊 p.52

6
(1)(2) 下図

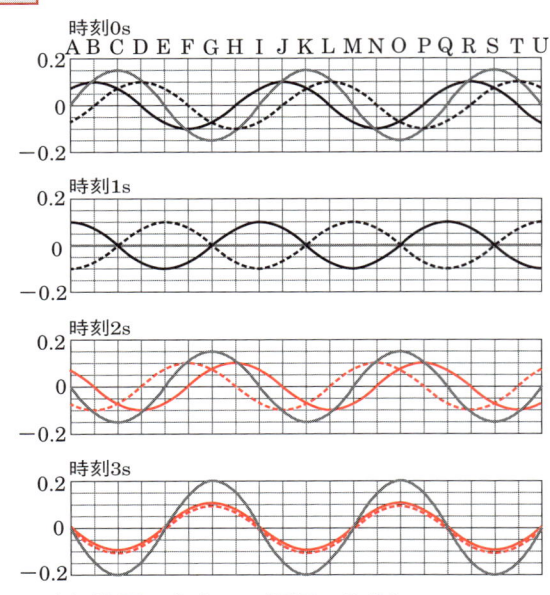

(3) 波長：2.0m　振幅：0.20m
振動数：0.125Hz

(4) C, G, K, O, S

(5) A, E, I, M, Q, U

解き方 (1) 破線の波は右側に1s間に1目盛り伝わり，実線の波は左側に1s間に1目盛り伝わるので，解答の図のようになる。

(2) 重ね合わせの原理を用いて，破線と実線の波を合成すると，解答の図のうすい黒色の線のようになる。

(3) 時刻0sにおける合成波の山の位置は0.5mと2.5m，4.5mであるから，合成波の波長 λ [m]は，
$\lambda = 2.5 - 0.5 = 2.0$ [m]
合成波の山の高さがもっとも高くなるのは，時刻3sのときであるから，このときの山の高さが振幅であり，0.20mである。
定常波の振動数は，定常波をつくる進行波の振動数と等しい。進行波の伝わる速さ v [m/s]は1s間に1目盛り伝わることから $v = 0.25$ m/s である。よって，$v = f\lambda$ より，振動数 f [Hz]は，
$f = \dfrac{v}{\lambda} = \dfrac{0.25}{2.0} = 0.125$ [Hz]

(4) (2)の合成波の図より，腹の位置はC, G, K, O, Sである。

(5) (2)の合成波の図より，節の位置はA, E, I, M, Q, Uである。

7
(1) 下図

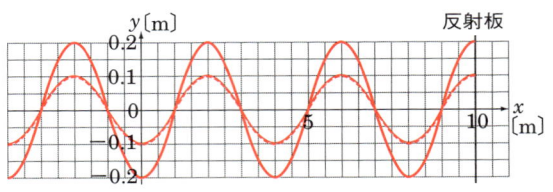

(2) 下図

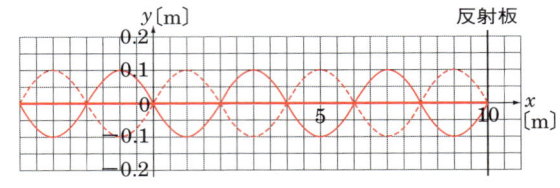

(3) 節：1, 3, 5, 7, 9
　　腹：0, 2, 4, 6, 8, 10

解き方 (1) 1.0s間で波は2.0m進むことと，反射板が自由端反射であることを考えて，入射波と反射波を描くと，解答の実線と破線のようになる。その合成波は，重ね合わせの原理より，太い実線のようになる。

(2) 5.5s間で $2.0 \times 5.5 = 11$ [m] 伝わるので，入射波と反射波を描くと，解答の実線と破線のようになる。その合成波は，重ね合わせの原理より，太い実線のようになる。

(3) 時刻1.0sの合成波の波形から，$0 \leq x \leq 10$ の範囲で節の座標は1, 3, 5, 7, 9，腹の座標は0, 2, 4, 6, 8, 10である。

8
(1) 下図

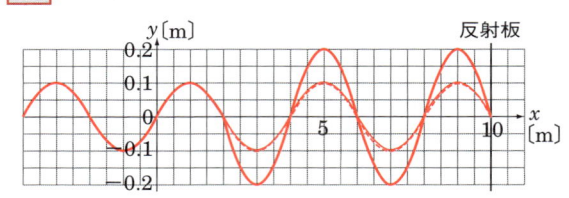

(2) 下図

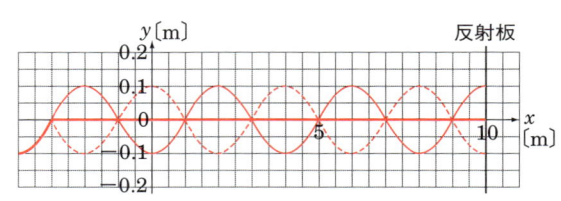

(3) 節：0, 2, 4, 6, 8, 10
　　腹：1, 3, 5, 7, 9

解き方 (1) 6.0s 間で波は 2.0×6.0＝12〔m〕進むことと，反射板が固定端反射であることを考えて，入射波と反射波を描くと，解答の実線と破線のようになる。その合成波は，重ね合わせの原理より，太い実線のようになる。

(2) 8.5s 間で波は 2.0×8.5＝17〔m〕進むことと，反射板が固定端反射であることを考えて，入射波と反射波を描くと，解答の実線と破線のようになる。その合成波は，重ね合わせの原理より，太い実線のようになる。

(3) 十分に時間が経過したとき，時刻 6.0s の合成波の波形から，$0 \leq x \leq 10$ の範囲で節の座標は 0, 2, 4, 6, 8, 10, 腹の座標は 1, 3, 5, 7, 9 である。

テスト対策　定常波

定常波の隣どうしの腹と腹の間隔，節と節の間隔が**半波長** $\dfrac{\lambda}{2}$ である。また，隣どうしの腹と節の間隔は**4分の1波長** $\dfrac{\lambda}{4}$ である。このことを用いて，定常波の波長を求める。

3章 音波

基礎の基礎を固める！ の答　⇒本冊 p.56

11 ❶ 高さ　❷ 強さ　❸ 音色

解き方 高さ，強さ，音色を**音の三要素**という。

12 ❹ 340.5

解き方 気温 t〔℃〕における音速 V〔m/s〕は，$V = 331.5 + 0.6t$ で与えられるので，気温 15℃における音速は，331.5 + 0.6×15 = 340.5〔m/s〕

13 ❺ 3

解き方 1s 間のうなりの回数は，振動数の差で与えられるので，443 − 440 = 3〔回〕

14 ❻ 低く　❼ 高く　❽ 大きい

解き方 弦の出す音の高さは，太い弦ほど低い音になり，同じ太さの弦では，弦の張り方（張力）が強いほど高い音になる。音の高さは振動数によって決まり，高い音ほど振動数が大きい。

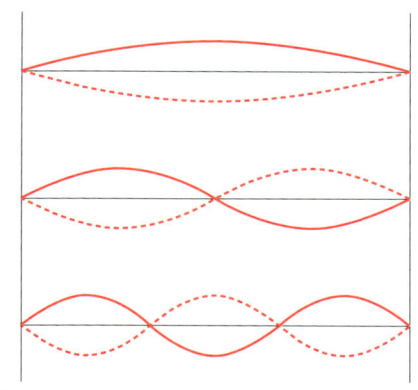

15 ❾ 基本　❿ 2倍　⓫ 3倍

解き方 弦の振動では，両端が節の定常波ができる。振動数が最も小さい（＝波長の最も長い）振動を**基本振動**と呼ぶ。基本振動の次に小さい振動数で定常波ができるのは，基本振動の振動数の2倍の振動数になるときなので**2倍振動**と呼ぶ。次に振動数の小さいのは基本振動の振動数の3倍の振動数になるので**3倍振動**と呼ぶ。振動数が2倍，3倍と変化したとき，定常波の波長は，基本振動の波長の $\dfrac{1}{2}$ 倍，$\dfrac{1}{3}$ 倍となる。

16 ⓬ 低く　⓭ 高く

解き方 気柱の振動では，基本振動をつくるとき，温度が同じであれば，管の長さが長いほど低い音になる。同じ長さの管でも，気柱の温度を高くすると音速が速くなるため，振動数が大きくなり，音の高さは高くなる。

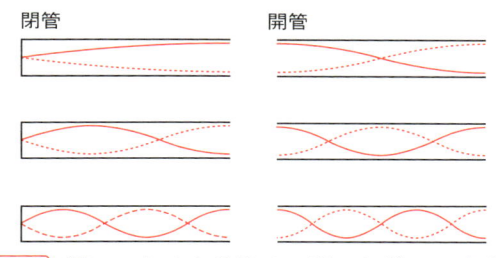

17 下図

解き方 管にできる定常波は，開いた端では自由端になるので，定常波の腹になり，閉じた端では固定端になるので，定常波の節になる。よって，閉管と開管では解答の図のようになる。

テストによく出る問題を解こう！の答　→本冊 p.57

9 (1) **337.5m/s**　(2) **0.84m**
　　(3) **349.5m/s**　(4) **0.87m**

解き方 (1) 気温が10.0℃のとき，空気中を伝わる音の速さは，
$$331.5+0.6×10.0=337.5 \text{[m/s]}$$

(2) $v=f\lambda$ より，$\lambda=\dfrac{v}{f}=\dfrac{337.5}{400}=0.843$〔m〕

(3) 気温が30.0℃のとき，空気中を伝わる音の速さは，$331.5+0.6×30=349.5$〔m/s〕

(4) $v=f\lambda$ より，$\lambda=\dfrac{v}{f}=\dfrac{349.5}{400}=0.873$〔m〕

10 (1) **1.20m**　(2) **576m/s**
　　(3) ① **0.60m**　② **960Hz**

解き方 (1) 弦が基本振動をつくると，両端が節で中央が腹の定常波ができる。隣どうしの節の距離が半波長であるから，弦の定常波の波長を λ とすれば，$\dfrac{\lambda}{2}=0.60$

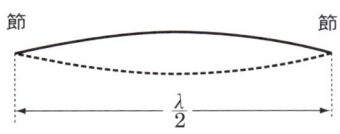

よって，$\lambda=2×0.60=1.20$〔m〕

(2) $v=f\lambda$ より，波の伝わる速さは，
$$480×1.20=576 \text{[m/s]}$$

(3) ①振動数を大きくしていったとき，再び定常波ができるのは**2倍振動**のときであるから，波長は弦の長さ 0.60m に等しい。

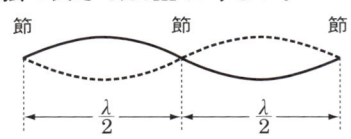

②弦を伝わる波の速さは変わらないので，弦に加えた振動数 f'〔Hz〕は，$v=f\lambda$ より，
$$f'=\dfrac{v}{\lambda}=\dfrac{480×1.20}{0.60}=960 \text{[Hz]}$$

11 (1) 下図　波長：**1.54m**

(2) ① 下図　波長：**0.77m**　② **880Hz**

(3) 温度を下げると音の伝わる速さが遅くなるが，波長は変わらないので，振動数は小さくなる。

解き方 (1) 開管では両端が腹の定常波ができる。基本振動は，この定常波の中でもっとも振動数が小さい（波長の長い）ものなので，解答の図のようになる。

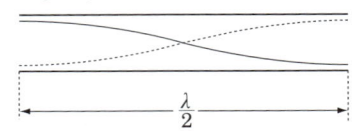

隣どうしの腹から腹までの距離が半波長になるので，管にできる定常波の波長を λ とすれば，
$$\dfrac{\lambda}{2}=0.77$$

よって，$\lambda=2×0.77=1.54$〔m〕

(2) ①振動数を大きくしていったとき，再び定常波ができるのは**2倍振動**のときであるから，解答の図のようになる。よって，定常波の波長は管の長さ 0.77m に等しい。

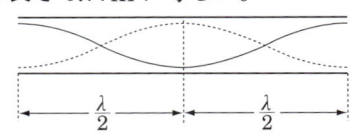

②音の伝わる速さ v〔m/s〕は基本振動のときの $v=440×1.54$〔m/s〕と変わらないので，このとき加えた振動数を f'〔Hz〕とすれば，
$$f'=\dfrac{v}{\lambda}=\dfrac{440×1.54}{0.77}=880 \text{[Hz]}$$

(3) 温度を下げると，音の伝わる速さが遅くなる。音の伝わる速さが $v-\Delta v$ になったとすれば，波長 λ が変わらないので，定常波ができる振動数を f''〔Hz〕とすれば，
$$f''=\dfrac{v-\Delta v}{\lambda}=\dfrac{v}{\lambda}-\dfrac{\Delta v}{\lambda}<f'$$

よって，聞こえる音の振動数は小さくなる。

12 (1) 下図　波長：**2.4m**

(2) ① 下図　波長：**0.80m**　② **660Hz**

解き方 (1) 閉管では，開いた端では腹，閉じた端では節の定常波ができる。基本振動は，この定常波の中でもっとも振動数が小さい（波長の長い）ものなので，解答の図のようになる。

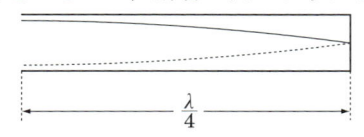

隣どうしの腹から節までの距離が**4分の1波長**になるので，管にできる定常波の波長をλとすれば，$\dfrac{\lambda}{4}=0.60$

よって，$\lambda=4\times 0.60=2.4$〔m〕

(2) ①振動数を大きくしていったとき，再び定常波ができるのは**3倍振動**のときであるから，解答の図のようになる。

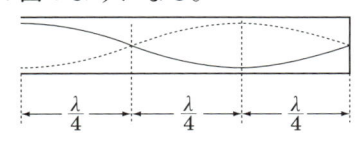

隣どうしの腹から節までの距離が**4分の1波長**になるので，管にできる定常波の波長をλ'とすれば，$3\times\dfrac{\lambda'}{4}=0.60$

よって，$\lambda'=\dfrac{4}{3}\times 0.60=0.80$〔m〕

②音の伝わる速さv〔m/s〕は基本振動のときの$v=220\times 2.4$〔m/s〕と変わらないので，このとき加えた振動数f'〔Hz〕は，

$f'=\dfrac{v}{\lambda}=\dfrac{220\times 2.4}{0.80}=660$〔Hz〕

13 (1) **343.5m/s** (2) **0.18m** (3) **1900Hz**
(4) **気温が下がったため音の伝わる速さが遅くなるが，振動数は変わらないので，音波の波長は短くなる。そのため，共鳴を起こす気柱の長さも短くなり，水面が少し高い位置で共鳴する。**

解き方 (1) 気温が20℃の空気中を伝わる音の速さは，
$331.5+0.6\times 20=343.5$〔m/s〕

(2) 共鳴が起きたときの水面の位置が，定常波の節の位置になるので，8.5cmと17.5cmの場所が節の位置であることがわかる。

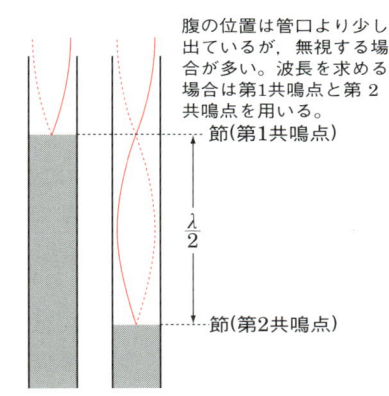

腹の位置は管口より少し出ているが，無視する場合が多い。波長を求める場合は第1共鳴点と第2共鳴点を用いる。

節（第1共鳴点）

$\dfrac{\lambda}{2}$

節（第2共鳴点）

隣どうしの節の間隔が**半波長**であるから，おんさのつくった音波の波長をλ〔m〕とすれば，

$\dfrac{\lambda}{2}=0.175-0.085$

よって，$\lambda=2\times(0.175-0.085)=0.18$〔m〕

(3) $v=f\lambda$より，おんさの振動数f〔Hz〕は，
$f=\dfrac{v}{\lambda}=\dfrac{343.5}{0.18}=1908$〔Hz〕

(4) 気温が15℃のとき，空気中を伝わる音の速さは，
$331.5+0.6\times 15=340.5$〔m/s〕

おんさの振動数は変わらないので，このときの音波の波長λ'〔m〕は，

$\lambda'=\dfrac{340.5}{\dfrac{343.5}{0.18}}=\dfrac{340.5}{343.5}\times 0.18=0.178$〔m〕

20℃のときより波長が短くなるので，共鳴するときの気柱の長さは短くなり，共鳴を起こす水面の位置は少し高くなる。

入試問題にチャレンジ！の答 ➡本冊 p.60

1 (1) ア：**0.20m** イ：**3.40m**
ウ：**100Hz** エ：**0.010s**
(2) オ：**A** カ：**C** (3) **A，C**
(4) **O，B**

解き方 (1) ア：波形のグラフより，振幅は0.20mである。

イ：波形のグラフより，波長は3.40mである。

ウ：音の速さは340m/sであるから，振動数をf〔Hz〕とすれば，波の基本式$v=f\lambda$より，
$340=f\times 3.40$

よって，$f=\dfrac{340}{3.40}=100$〔Hz〕

エ：周期を T〔s〕とすれば，$T=\dfrac{1}{f}$ より，
$$T=\dfrac{1}{100}=0.01〔\text{s}〕$$

(2) 横波表示されている波形を，縦波表示に直す。直した縦波表示から，最も密な場所は A であることがわかる。同様に，最も疎な場所は C であることがわかる。

(補足) 横波表示を縦波表示に直すときには，振幅が大きすぎると見にくいので，振幅を少し小さくしてかき直すと見やすくなる。

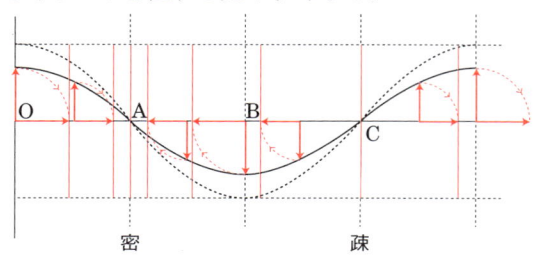

(3) 媒質の振動の速度が最大になるのは振動の中心である，変位 0 の場所である。

(4) 変位が最大になるのは，横波表示の山または谷の場所である。

2 (1) **342m/s** (2) **228Hz** (3) **1140Hz**

解き方 (1) 共鳴を起こすのは，ピストンの位置が定常波の節の位置になるときである。よって，共鳴音が聞こえたピストンの場所から，定常波の節が 12.5cm（=0.125m）と 37.5cm（=0.375m）の位置にあることがわかる。隣どうしの節と節の距離は半波長 $\dfrac{\lambda}{2}$ であるから，定常波の波長は，
$$\dfrac{\lambda}{2}=0.375-0.125$$
より，
$$\lambda=2\times(0.375-0.125)=0.5〔\text{m}〕$$
である。空気中を伝わる音の速さを V〔m/s〕とすれば，波の基本式 $v=f\lambda$ より，
$$V=684\times0.5=342〔\text{m/s}〕$$

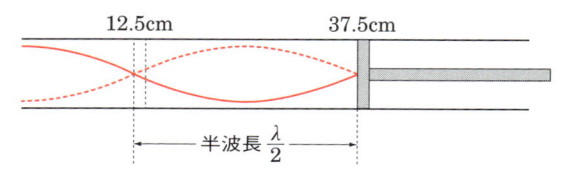

(2) 振動数が 684Hz，ピストンが 37.5cm のとき，3 倍振動の形の定常波ができている。ピストンを固定して振動数を小さくしていくと，音波の波長が長くなるので，次に共鳴するときにできる定常波は基本振動である。基本振動の振動数 f_1〔Hz〕は，
$$f_1=\dfrac{684}{3}=228〔\text{Hz}〕$$

(別解) 基本振動では気柱の長さが 4 分の 1 波長 $\dfrac{\lambda}{4}$ となるので，$\dfrac{\lambda}{4}=0.375$

よって，$\lambda=4\times0.375=1.5$

音の伝わる速さは 342m/s であるから，波の基本式 $v=f\lambda$ より，$342=f_1\times1.5$

よって，$f_1=\dfrac{342}{1.5}=228〔\text{Hz}〕$

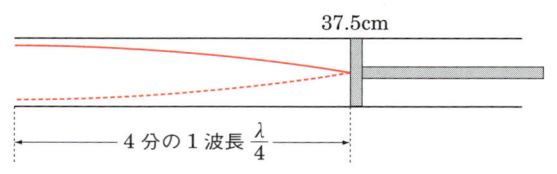

(3) ピストンを固定して振動数を大きくしていくと，音波の波長が短くなるので，次に共鳴するときにできる定常波は 5 倍振動である。5 倍振動の振動数 f_5〔Hz〕は，
$$f_5=f_1\times5=228\times5=1140〔\text{Hz}〕$$

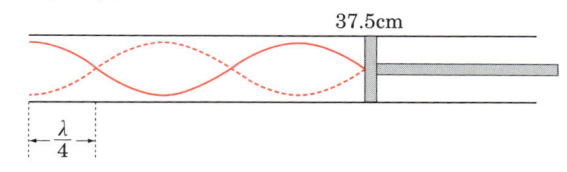

3 ① **固有振動** ② L ③ fL
④ **イ** ⑤ $\dfrac{L}{2}$ ⑥ **2**

解き方 ② 弦は 2 倍振動の形をしているので，隣どうしの節から節までの距離は $\dfrac{L}{2}$ である。隣どうしの節と節の距離は半波長 $\dfrac{\lambda}{2}$ であるから，
$$\dfrac{\lambda}{2}=\dfrac{L}{2} \text{ より，} \lambda=L$$

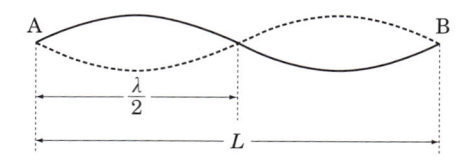

③ 波の基本式 $v=f\lambda$ より，$V=fL$

④ 弦を伝わる波の速さは，張力や太さによって

変わるが，この場合は張力も太さも変わらないので，弦を伝わる波の速さは変わらない。

⑤ 弦を伝わる波の速さと振動数が変わらないので，弦に生じる定常波の波長も変わらない。コマBの位置が節になったときに定常波ができる。基本振動のときの弦の振動部分の長さは半波長 $\dfrac{\lambda}{2}$ であるから，$L' = \dfrac{L}{2}$

⑥ 弦を伝わる速さと振動部分の弦の長さを変えずに，2倍振動の定常波をつくったので，隣どうしの節から節までの長さは $\dfrac{L}{4}$ である。波長を λ' とすれば，$\dfrac{\lambda'}{2} = \dfrac{L}{4}$

よって，$\lambda' = \dfrac{L}{2}$

波の基本式 $v = f\lambda$ より，$fL = f'\dfrac{L}{2}$

これから $f' = 2f$ と求められる。

4章 静電気と電流

基礎の基礎を固める！ の答 ⇒本冊 p.63

18 ❶ 反発力 ❷ 引力

解き方 電荷間にはたらく電気力は正どうし，負どうしのように同種の電荷間では反発力(斥力)が，正と負のように異種の電荷間では引力がはたらく。

19 ❸ 負 ❹ さらに大きく開く

解き方 負に帯電したエボナイト棒を，はく検電器の金属円板に近づけると，金属円板の自由電子には反発力がはたらき，もっとも遠いはくの部分に移動する。そのため，金属円板部分には正の電荷が残り，はくの部分は負に帯電する。したがって，はくどうしには反発力がはたらき開く。エボナイト棒をさらに近づけると，反発力は大きくなるので，はくの部分に集まる自由電子の量は増え，はくどうしにはたらく反発力も大きくなり，はくはさらに大きく開く。

20 ❺ 同じ ❻ 逆

解き方 電場の向きは正の電荷が受ける力の向きによって定義されている。よって，正の電荷の受ける力の向きは電場の向きと同じであり，負の電荷の受ける力の向きは電場の向きと逆である。

21 ❼ 0.20

解き方 電流の強さは1秒間あたりに流れる電荷で定義されるので，$\varDelta t$〔s〕間に $\varDelta Q$〔C〕流れたときの電流の強さ I〔A〕は，$I = \dfrac{\varDelta Q}{\varDelta t}$ である。

よって，$I = \dfrac{0.020}{0.10} = 0.20$〔A〕

22 ❽ 大きく ❾ 小さい ❿ 大きく ⓫ 比例

解き方 導線の抵抗値 R は，$R = \rho\dfrac{l}{S}$ で与えられる。ここで，l は導線の長さ，S は導線の断面積である。よって，導線の抵抗は長さが長いほど大きく，断面積が大きいほど小さくなる。

抵抗率 ρ の温度依存性は，$\rho = \rho_0(1+\alpha t)$ で与えられ，温度が高くなると大きくなる。ここで，ρ_0 は0℃における抵抗率，t は温度（℃）である。導線の抵抗値 R は，$R = \rho\dfrac{l}{S}$ で与えられるから，これに上の ρ を代入すると，$R = \rho_0(1+\alpha t)\dfrac{l}{S}$ となる。よって，温度が高くなると抵抗は大きくなることがわかる。

23 ⓬ 0.030

解き方 オームの法則 $V = RI$ より，

$3.0 = 100 \times I$ となるので，$I = \dfrac{3.0}{100} = 0.030$〔A〕

24 ⓭ 30 ⓮ 7.2

解き方 直列に接続された抵抗の合成抵抗 R は，$R = R_1 + R_2 + \cdots$ より，$R = 12 + 18 = 30$〔Ω〕

並列に接続された抵抗の合成抵抗 R は，

$\dfrac{1}{R} = \dfrac{1}{R_1} + \dfrac{1}{R_2} + \cdots$ より，$\dfrac{1}{R} = \dfrac{1}{12} + \dfrac{1}{18} = \dfrac{5}{36}$

よって，$R = \dfrac{36}{5} = 7.2$〔Ω〕

テストによく出る問題を解こう！の答 ➡本冊 p.64

14 (1) ① (2) ② (3) ⑦ (4) ⑤ (5) ③

解き方 (1) 正に帯電したアクリル棒を近づけると，負の電荷をもつ自由電子に引力がはたらくため，はくにある自由電子が金属円板部分に引き寄せられる。はくは自由電子が移動したことによって正に帯電する。はくどうしは正の電荷により反発力がはたらき開く。よって，正解は①。

(2) 負に帯電した塩化ビニル棒を近づけると，負の電荷をもつ自由電子に反発力がはたらくため，金属円板にある自由電子ははくの部分に移動する。移動してきた自由電子によってはくは負に帯電する。はくどうしは負の電荷によって反発力がはたらき開く。よって，正解は②。

(3) 金属の金網の中は遮蔽されているため，外部の電荷の影響は受けない。そのため，金網の中に入れられたはく検電器に負に帯電した塩化ビニル棒を近づけても，はく検電器の金属部分にもはくにも電荷は現れないので，はくは閉じたままである。よって，正解は⑦。

(4) はく検電器に正に帯電したアクリル棒を近づけ，はくが開いているときに，指を円板に触れると，人体も導体なので，自由電子は指を通って人体からはくに移動する。そのため，はくは電気的に中性となり電気力ははたらかなくなり，はくは閉じる。

よって，正解は⑤。

(5) 正に帯電したアクリル棒によって，金属円板部分に引き寄せられていた自由電子が，アクリル棒を遠ざけることによって，電気力を受けなくなるので，はく検電器の金属部分に一様に広がる。そのため，はくの部分は負に帯電し，はくは開く。よって，正解は③。

15 (1) **6.0N** (2) **3.0×10³N/C**

解き方 (1) $F=qE$ より，電荷にはたらく力の大きさ F [N] は，
$$F=0.020\times 300=6.0 \text{ [N]}$$

(2) $F=qE$ より，電場の強さ E [N/C] は，
$$E=\frac{F}{q}=\frac{4.5}{1.5\times 10^{-3}}=3.0\times 10^3 \text{ [N/C]}$$

16 (1) **5.1×10²Ω** (2) **1.0×10⁻¹Ω·m**

解き方 (1) $R=\rho\dfrac{l}{S}$ より，導線の抵抗値 R [Ω] は，
$$R=1.7\times 10^{-3}\times\frac{0.30}{1.0\times 10^{-6}}$$
$$=5.1\times 10^2 \text{ [Ω]}$$

(2) $R=\rho\dfrac{l}{S}$ より，金属の抵抗率 ρ [Ω·m] は，
$$\rho=R\frac{S}{l}=50\times 10^3\times\frac{2.0\times 10^{-6}}{1.0}$$
$$=1.0\times 10^{-1} \text{ [Ω·m]}$$

テスト対策｜抵抗値

抵抗率が ρ [Ω·m] の金属で，断面積 S [m²]，長さ l [m] の導線をつくったとき，その導線の抵抗値 R [Ω] は，$R=\rho\dfrac{l}{S}$ である。導線の抵抗は，長さに比例し断面積に反比例するので，**長いほど抵抗値が大きく，太いほど抵抗値は小さく**なる。

17 (1) **400Ω** (2) **3.75×10⁻³A**
(3) **0.375V** (4) **1.125V**
(5) $E=V_A+V_B$

解き方 (1) 直列に接続された抵抗の合成抵抗 R は，$R=R_1+R_2+\cdots$ で与えられる。
よって，回路の合成抵抗 R [Ω] は，
$$R=100+300=400 \text{ [Ω]}$$

(2) 合成抵抗が 400Ω であるから，回路に流れる電流 I [A] は，オームの法則より，
$$1.5=400\times I$$
よって，$I=\dfrac{1.5}{400}=0.00375$ [A]

(補足) **キルヒホッフの第2法則**を用いて解答すると，合成抵抗を求めることなく，解答できる。回路に流れる電流を I [A] とすれば，キルヒホッフの第2法則より，

$$1.5 = 100 \times I + 300 \times I$$

よって，$I = \dfrac{1.5}{400} = 0.00375$ [A]

(3) オームの法則より，抵抗Aにかかる電圧 V_A [V] は，

$$V_A = 100 \times \dfrac{1.5}{400} = 0.375 \text{ [V]}$$

(4) オームの法則より，抵抗Bにかかる電圧 V_B [V] は，

$$V_B = 300 \times \dfrac{1.5}{400} = 1.125 \text{ [V]}$$

(5) $V_A + V_B = 0.375 + 1.125 = 1.5$ [V] となるので，$E = V_A + V_B$

であることがわかる。

(補足) (5)の結果は，起電力 E が，抵抗Aにおける電圧降下 V_A と抵抗Bにおける電圧降下 V_B の和になっていることを表している。このことは，**キルヒホッフの第2法則**を意味している。

テスト対策 抵抗の接続

①**直列接続**

抵抗値 R_1, R_2, …, R_n の抵抗を直列に接続したとき，合成抵抗 R は，

$$R = R_1 + R_2 + \cdots + R_n$$

で与えられる。

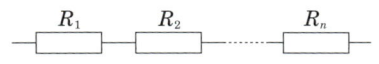

②**並列接続**

抵抗値 R_1, R_2, …, R_n の抵抗を並列に接続したとき，合成抵抗を R とすれば，

$$\dfrac{1}{R} = \dfrac{1}{R_1} + \dfrac{1}{R_2} + \cdots + \dfrac{1}{R_n}$$

の関係式が成り立つ。

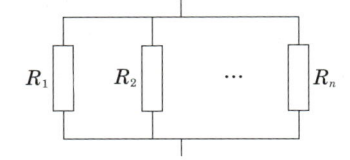

---

18 (1) 10Ω　(2) 20Ω　(3) 1.5V
(4) 0.15A　(5) 0.05A　(6) 0.10A
(7) $I_1 = I_2 + I_3$

解き方 (1) BC間では抵抗2と抵抗3は並列に接続されている。並列に接続された抵抗の合成抵抗 R は，

$$\dfrac{1}{R} = \dfrac{1}{R_1} + \dfrac{1}{R_2} + \cdots$$

と表されるので，BC間の合成抵抗を R_{BC} [Ω] とすれば，

$$\dfrac{1}{R_{BC}} = \dfrac{1}{30} + \dfrac{1}{15} = \dfrac{3}{30}$$

よって，$R_{BC} = \dfrac{30}{3} = 10$ [Ω]

(2) 抵抗1とBC間の合成抵抗 R_{BC} とは直列接続になっている。直列に接続された抵抗の合成抵抗 R [Ω] は，$R = R_1 + R_2 + \cdots$

よって，AC間の合成抵抗 R_{AC} [Ω] は，
$R_{AC} = 10 + 10 = 20$ [Ω]

(3) AB間の抵抗値とBC間の抵抗値が等しいので，AB間の電圧降下とBC間の電圧降下は等しい。よって，BC間の電位差 V_{BC} [V] は，

$$V_{BC} = \dfrac{3.0}{2} = 1.5 \text{ [V]}$$

(4) 抵抗1にかかる電圧も1.5Vであるから，**オームの法則**より，抵抗1に流れる電流の強さ I_1 は，$1.5 = 10 \times I_1$

よって，$I_1 = \dfrac{1.5}{10} = 0.15$ [A]

(5) 抵抗2にかかる電圧も1.5Vであるから，**オームの法則**より，抵抗2に流れる電流の強さ I_2 は，$1.5 = 30 \times I_2$

よって，$I_2 = \dfrac{1.5}{30} = 0.05$ [A]

(6) 抵抗3にかかる電圧も1.5Vであるから，**オームの法則**より，抵抗3に流れる電流の強さ I_3 は，$1.5 = 15 \times I_3$

よって，$I_3 = \dfrac{1.5}{15} = 0.10$ [A]

(7) $I_2 + I_3 = 0.05 + 0.10 = 0.15$ [A] となるので，$I_1 = I_2 + I_3$ であることがわかる。

(補足) (7)の結果は，回路の分岐点に流れ込む電流 I_1 と流れ出す電流 I_2, I_3 の和とが等しいことを表している。このことは，**キルヒホッフの第1法則**を意味している。

テスト対策　キルヒホッフの法則

①第1法則（電流則）
　回路の分岐点に流入する電流の和と，流出する電流の和は等しい。回路の分岐点に電流 I_1, I_2 が流入し，I_3, I_4, I_5 が流出したとすれば，$I_1+I_2=I_3+I_4+I_5$

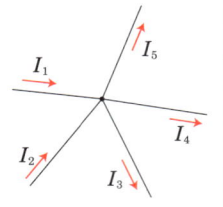

②第2法則（電圧則）
　回路に沿って1回りできる部分では，起電力による電圧上昇と抵抗における電圧降下は等しい。下図を参考に述べる。

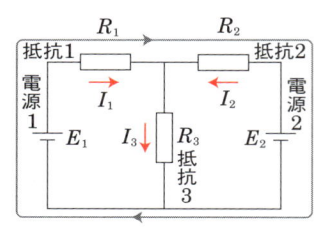

矢印の方向に回路を1回りするとき，電源1では電圧が E_1〔V〕上昇し，電源2では E_2〔V〕電圧が降下するので，起電力による電圧上昇は E_1-E_2 である。抵抗1では R_1I_1〔V〕電圧が降下し，抵抗2では R_2I_2〔V〕電圧が上昇するので，抵抗における電圧降下は $R_1I_1-R_2I_2$ である。よって，$E_1-E_2=R_1I_1-R_2I_2$ と表すことができる。

5章 電気とエネルギー

基礎の基礎を固める！の答　→本冊 p.67

25 ❶ A→B

[解き方] 図の位置において，コイルを貫く磁力線が増加するので，コイルに流れる誘導電流によってこの磁力線の増加を妨げるような磁場をつくる。すなわち，磁石による磁力線と逆向きの磁場をつくるので，<u>右ねじの法則</u>より，辺 AB 部分には A→B の方向に電流が流れることがわかる。

26 ❷ $2.0×10^{-4}$

[解き方] $W=qV$ より，
$1.0×10^{-4}×2.0=2.0×10^{-4}$〔J〕

27 ❸ 0.090

[解き方] 1s 間に発生するジュール熱は電力に等しいので，電力 $P=\dfrac{V^2}{R}$ より，$\dfrac{3.0^2}{100}=0.090$〔J〕

28 ❹ 0.030　❺ 0.090　❻ 0.18
　　❼ 6.0　❽ 0.36　❾ 0.72

[解き方] 図1のように 100Ω の抵抗を直列に接続したときの合成抵抗 R_1〔Ω〕は，
$R_1=100+100=200$〔Ω〕
であるから，抵抗に流れる電流 I_1〔A〕は，
$I_1=\dfrac{6.0}{200}=0.030$〔A〕
である。1個の抵抗で消費される電力は，
$P=I^2R$ より，$0.030^2×100=0.090$〔W〕
よって，回路全体で消費される電力は，
$2×0.090=0.18$〔W〕
図2のように抵抗を並列に接続すると，各抵抗には電源電圧 6.0V がかかる。1個の抵抗で消費される電力は，
$P=\dfrac{V^2}{R}$ より，$\dfrac{6.0^2}{100}=0.36$〔W〕
よって，回路全体で消費される電力は，
$2×0.36=0.72$〔W〕

29 ❿ 1.6

[解き方] 消費電力 800W の電気製品を2時間使ったときの電力量は，
$800×2=1600$〔Wh〕$=1.6$〔kWh〕

テストによく出る問題を解こう！の答　→本冊 p.68

19 (1) ③

(2) コイルには N 極から S 極に向かう磁力線が増えているので，それを妨げる向きに磁場が発生するような誘導電流が流れる。誘導電流がつくる磁場の磁石による磁力線方向の成分が S 極から N 極の向きに向くためには，右ねじの法則により，図の電流計のところに示された矢印と反対の向きに電流が流れることになる。

(3) ③

(4) スイッチを切ると誘導電流が流れないので，誘導電流にはたらく力はなくなる。誘導電流にはたらく力の向きは，コイルの回転を妨げる向きにはたらいていたので，コイルを回転させる力の大きさは，スイッチが入っているときより小さくてよい。

20 (1) $5.4 \times 10^{-3}\,\Omega$ (2) $5.4 \times 10^{-3}\,\mathrm{W}$
(3) $5.4 \times 10^{-3}\,\mathrm{V}$ (4) $5.4 \times 10^{-5}\,\mathrm{W}$
(5) $5.4 \times 10^{-2}\,\mathrm{V}$

解き方 (1) $R = \rho\dfrac{l}{S}$ より，直径 2.0 mm の銅線 1.0 m の抵抗値は，

$$1.7 \times 10^{-8} \times \frac{1.0}{(1.0 \times 10^{-3})^2 \times 3.14}$$
$$= 5.4 \times 10^{-3}\,[\Omega]$$

(2) $P = I^2R$ より，
$1.0^2 \times 5.4 \times 10^{-3} = 5.4 \times 10^{-3}\,[\mathrm{W}]$

(3) オームの法則 $V = RI$ より，
$5.4 \times 10^{-3} \times 1.0 = 5.4 \times 10^{-3}\,[\mathrm{V}]$

(4) $P = I^2R$ より，
$0.10^2 \times 5.4 \times 10^{-3} = 5.4 \times 10^{-5}\,[\mathrm{W}]$

(5) $P = IV$ より，$5.4 \times 10^{-3} = 0.10 \times V$

よって，$V = \dfrac{5.4 \times 10^{-3}}{0.10} = 5.4 \times 10^{-2}\,[\mathrm{V}]$

(補足) 高電圧で送電するのは
　この問題では，同じ抵抗に 1.0 A の電流を流したときと，0.10 A の電流を流したときでは，抵抗で消費される電力が $\dfrac{1}{100}$ 倍になることが示されている。このとき同じ消費電力にするためには，(3)と(5)の結果から電圧を 10 倍にすればよいことがわかる。すなわち，電圧を上げると，送電するときの電力消費が少なくてよい。

21 (1) 4320 J　(2) 240 秒

解き方 (1) 水温が 5 K 上昇したのは，抵抗体でつくり出された電力量による。水温が上がれば容器の温度も上がるので，抵抗体でつくり出された電力量は容器の温度上昇にも使われている。よって，抵抗体でつくり出された電力量は，水と容器の得た熱量から，

$180 \times 4.2 \times 5 + 108 \times 5 = 4320\,[\mathrm{J}]$

(2) 12.5 Ω の抵抗に 15 V の電圧をかけたとき，抵抗で消費される電力は，$\dfrac{15^2}{12.5}\,\mathrm{W}$ であるから，4320 J の電力量を得るための時間を $t\,[\mathrm{s}]$ とすれば，$\dfrac{15^2}{12.5} \times t = 4320$

よって，$t = \dfrac{12.5}{15^2} \times 4320 = 240\,[\mathrm{s}]$

> **テスト対策**　電　力
>
> 抵抗値 $R\,[\Omega]$ の抵抗に，$V\,[\mathrm{V}]$ の電圧を加え，$I\,[\mathrm{A}]$ の電流を流したとき，抵抗で消費される電力 $P\,[\mathrm{W}]$ は，
>
> $$P = IV = I^2R = \frac{V^2}{R}$$
>
> で与えられる。電力を計算するとき，電圧，電流，抵抗値の中で，何が与えられているかを見きわめて，使う式を考えよう。

6章 電磁誘導と交流

基礎の基礎を固める！の答　⇒本冊 p.71

30 ❶ 強　❷ 弱

解き方 直線電流のつくる磁場の強さは，電流に比例し距離に反比例する。すなわち，電流を強くすると**強い**磁場ができ，電流から遠くなると磁場は**弱く**なる。

31 ❸ 電流　❹ 磁場

解き方 直線電流のつくる磁場は，電流の向きに右ねじを進ませたとき，右ねじの**回転方向**が磁場の向きを示している。

32 ❺ 電流　❻ 磁場

解き方 円形電流が，円の内側につくる磁場は，電流の向きに右ねじを回転させたとき，右ねじの**進む方向**が磁場の向きを示している。

33 ❼ 電流 ❽ 磁場 ❾ 多く

解き方 コイルを流れる電流がコイルの内部につくる磁場は，コイルを流れる電流の向きに右ねじを回転させたとき，右ねじの進む方向が磁場の向きを示している。

単位長さあたりの巻き数 n〔回/m〕のコイルの内部にできる磁場の強さ H〔A/m〕は，コイルに流れる電流を I〔A〕とすれば，$H=nI$ で与えられる。よって，コイル内部にできる磁場の強さを強くするためには，大きな電流を流すか，単位長さあたりの巻き数を多くすればよい。

34 ❿ N ⓫ S

解き方 コイル内部から磁力線が出てくるほうの端が N 極に，磁力線が入ってくるほうの端が S 極になる。したがって，コイル内部では，コイルの S 極から N 極の向きに磁力線が向くことになる。問題の図では，コイル内の磁力線が右向きになっているので，コイルの右端が磁石の N 極，左端が S 極に相当する。

35 ⓬ 右

解き方 フレミングの左手の法則より，電流が磁場から受ける力の向きは右向きである。

36 ⓭ 多く

解き方 1次側の巻き数が N_1，2次側の巻き数が N_2 の変圧器の1次側に V_1〔V〕の交流電圧を加えたとき，2次側のコイルに生じる電圧 V_2〔V〕との間には，$\dfrac{V_2}{V_1}=\dfrac{N_2}{N_1}$ の関係が成り立つ。よって，2次側に発生する電圧は2次側のコイルの巻き数に比例するので，2次側のコイルに生じる交流電圧を高くするためには，2次側のコイルの巻き数を多くすればよいことがわかる。

テストによく出る問題を解こう！の答 ➡本冊 p.72

22 (1) ② (2) ③ (3) ⑤

解き方 (1) 図の電池の向きから，金属棒 PQ には P から Q の向きに電流が流れる。磁力線は N 極から S 極の向きにできるので，金属棒 PQ の位置での磁場の向きは下向きになる。フレミングの左手の法則より，金属棒 PQ には左向きに力がはたらき，金属棒 PQ は左向きに動き出す。よって，正解は②。

(2) (1)の状態から，U 型磁石の S 極を上側にして置き直すと，金属棒 PQ の位置での磁場の向きが上向きになるので，フレミングの左手の法則より，金属棒 PQ には右向きに力がはたらき，金属棒 PQ は右向きに動き出す。よって，正解は③。

(3) (1)の状態から電池の±を逆に接続して電流を流すと，金属棒 PQ には Q から P の向きに電流が流れる。フレミングの左手の法則より，金属棒 PQ には右向きに力がはたらき，金属棒 PQ は右向きに動き出す。よって，正解は⑤。

テスト対策 フレミングの左手の法則

電流が磁場から受ける力の向きは，フレミングの左手の法則によって知ることができる。左手の親指と人差し指，中指の3本を，図のように直角にしたとき，親指が力 F，人差し指が磁場 B，中指が電流 I の向きを表している。

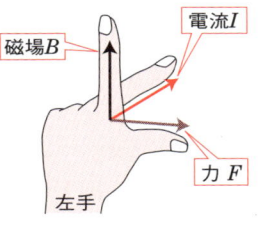

23 (1) ② (2) ① (3) a (4) ①

解き方 (1) コイルの AB 部分には，A から B の向きに電流が流れ，磁場の向きは N 極から S 極の向きになるので，フレミングの左手の法則により，AB 部分には下向きに力がはたらく。よって，正解は②。

(2) コイルの CD 部分には，C から D の向きに電流が流れ，磁場の向きは N 極から S 極の向きになるので，フレミングの左手の法則により，CD 部分には上向きに力がはたらく。よって，正解は①。

(3) コイルには AB 部分には下向きに，CD 部分には上向きに大きさの等しい力がはたらくので，a 方向に回転させる力になっている。よって，正解は a。

(4) コイルが 180° 回転すると，AB 部分には B から A の向きに電流が流れ，磁場の向きは N 極から S 極の向きになるので，フレミングの左

手の法則により，AB 部分には上向きに力がはたらく。
よって，正解は①。

24 (1) ② (2) ① (3) ② (4) ③

解き方 (1) 問題の図のように，コイルに N 極を近づけると，磁石の N 極が近づくのを妨げるように，コイルの左端が N 極になるような誘導電流が流れる（下図左）。コイルに S 極を近づける場合は，磁石の S 極が近づくのを妨げるように，コイルの左端が S 極になるような誘導電流が流れる（下図右）。すなわち，コイルを流れる電流の向きは，図の矢印とは逆向きになる。
よって，正解は②。

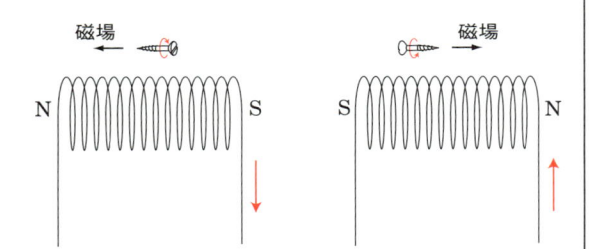

(2) コイルから磁石の S 極を遠ざけたとき，磁石の S 極が遠ざかるのを妨げるように，コイルの左端が N 極になるような誘導電流が流れる。すなわち，コイルを流れる電流の向きは，図の矢印と同じ向きになる。
よって，正解は①。

(3) 磁石の S 極にコイルを近づけたとき，コイルが磁石に近づくのを妨げるように，コイルの左端が S 極になるような誘導電流が流れる。すなわち，コイルを流れる電流の向きは，図の矢印とは逆向きになる。
よって，正解は②。

(4) コイルの中に磁石の N 極を入れて静止させたとき，コイルを貫く磁束が変化しないので，コイルには誘導電流は流れない。
よって，正解は③。

> **テスト対策** **レンツの法則**
>
> コイルを貫く磁力線の本数が変化するとき，その変化を妨げるように誘導起電力が発生し誘導電流が流れる。

> **テスト対策** **右ねじの法則**
>
> 電流がつくる磁場の向きを知るためには，**右ねじの法則**を用いるとよい。電流が直線状の場合は右ねじの進む方向を電流の向きにとったとき，右ねじの回転方向が磁場の向きになる。電流が円形の場合は，電流の向きに右ねじを回転させたとき，右ねじの進む方向が磁場の向きになる。

25 (1) 周期：0.020s　周波数：50Hz
(2) ①　(3) ①

解き方 (1) コイルを 0.020s の時間で 1 回転させたのであるから，発生する交流電圧の周期も 0.020s である。周波数 f 〔Hz〕は，$f=\dfrac{1}{T}$ より，

$$f=\dfrac{1}{0.020}=50 \text{〔Hz〕}$$

(2) コイルに発生する誘導起電力は，コイルを貫く磁束の変化が大きいほど大きくなる。コイルの回転を速くするとコイルを貫く磁束の変化が大きくなるので，発生する交流電圧の最大値は大きくなる。よって，正解は①。

(3) コイルの巻き数を 2 倍にするとコイルを貫く磁束も 2 倍になる。コイルを貫く磁束の量はコイルの巻き数に比例するので，コイルの巻き数を多くすると，発生する交流電圧の最大値も大きくなる。よって，正解は①。

26 (1) ④　(2) ①

解き方 1 次側の巻き数が N_1，2 次側の巻き数が N_2 の変圧器の 1 次側に V_1〔V〕の交流電圧を加えたとき，2 次側のコイルに生じる電圧 V_2〔V〕との間には，$\dfrac{V_2}{V_1}=\dfrac{N_2}{N_1}$ の関係が成り立つ。

よって，2 次側に発生する電圧は，$V_2=\dfrac{N_2}{N_1}V_1$

(1) 2 次側のコイルの巻き数が 200 回のときの 2 次側の電圧は，$V_2=\dfrac{200}{1000}V_1=\dfrac{1}{5}V_1$

2 次側のコイルの巻き数が 2 倍の 400 回になったときの 2 次側の電圧 V_2' は，

$$V_2'=\dfrac{400}{1000}V_1=\dfrac{2}{5}V_1=2V_2$$

となるので，2次側の電圧は，2倍になる。
よって，正解は④。

(2) 1次側のコイルの巻き数を4倍に増やし4000回にしたとき，2次側の電圧 V_2'' は，

$$V_2''=\frac{200}{4000}V_1=\frac{1}{20}V_1=\frac{1}{4}V_2$$

となるので，2次側の電圧は，$\frac{1}{4}$ 倍になる。
よって，正解は①。

テスト対策　変圧器

コイルの巻き数が，1次側 N_1，2次側 N_2 の変圧器で，1次側に V_1〔V〕の交流電圧を加えたとき，2次側に V_2〔V〕の電圧が生じたとすると，

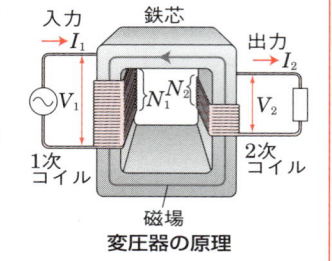

$$\frac{V_2}{V_1}=\frac{N_2}{N_1}$$

の関係が成り立つ。

変圧器の原理

7章 原子とエネルギー

基礎の基礎を固める！の答　→本冊 p.74

37 ① 陽子　② 中性子　③ 核子

[解き方] 原子核は陽子と中性子からできており，陽子と中性子を核子と呼ぶ。原子番号は陽子の数で，質量数は核子の数(陽子の数と中性子の数の和)である。

38 ④ 陽子　⑤ 中性子

[解き方] 原子の種類は原子番号，すなわち陽子の数で決まり，陽子の数は同じでも中性子の数の異なる(質量数の異なる)原子を同位体と呼ぶ。

39 ⑥ 核分裂　⑦ 核融合
⑧ 大きな　⑨ 重い

[解き方] 核反応には，核分裂と核融合がある。核分裂は質量数の大きい原子核が質量数の比較的大きい原子核に分裂する現象である。核融合は，質量数の小さい原子核が融合して質量数の大きな原子核に変わる現象である。

40 ⑩ ヘリウム原子核　⑪ 強く　⑫ 弱い
⑬ (高速の)電子　⑭ 中くらい
⑮ 中くらい　⑯ 波長の短い電磁波
⑰ 弱く　⑱ 強い

[解き方] α崩壊は α 線を，β崩壊を β 線を出して別の原子核に変わる現象である。α線の実態はヘリウム原子核で電離作用は強いが透過力は弱い。γ線の実態は波長の短い電磁波で，電離作用は弱いが透過力は強い。β線の実態は高速の電子で，電離作用，透過力とも，α線とγ線の中間くらいの強さをもつ。

テストによく出る問題を解こう！の答　→本冊 p.75

27 (1) 陽子：10　中性子：10
(2) 陽子：6　中性子：8
(3) 陽子：92　中性子：146

[解き方] 原子番号は陽子の数で決まり，質量数は陽子の数と中性子の数の和であるから，中性子の数を求めるには，質量数から原子番号を引けばよい。

(1) 原子番号が10であるから陽子の数は10である。質量数が20であるから，中性子の数は，
20−10=10

(2) 原子番号が6であるから陽子の数は6である。質量数が14であるから，中性子の数は，
14−6=8

(3) 原子番号が92であるから陽子の数は92である。質量数が238であるから，中性子の数は，
238−92=146

28 (1) ① 7　② 17　(2) ③ 9　④ 4
(3) ⑤ 56　⑥ 3

[解き方] 核反応の前後で，質量数の和と原子番号の和は保存される。

(1) 核反応の前後で原子番号は保存するので，
①+2=8+1
よって，①=8+1−2=7
核反応の前後で質量数は保存するので，
14+4=②+1
よって，②=14+4−1=17

(2) 核反応の前後で原子番号は保存するので，
④+2=6+0
よって，④=6−2=4
核反応の前後で質量数は保存するので，

③+4=12+1
よって，③=12+1-4=9
(3) 核反応の前後で原子番号は保存するので，
92+0=⑤+36+⑥×0
よって，⑤=92-36=56
核反応の前後で質量数は保存するので，
235+1=141+92+⑥×1
よって，⑥=235+1-141-92=3

入試問題にチャレンジ！の答 →本冊 p.76

4 (1) I_1：1.5mA　I_2：0.90mA
　　　I_3：0.60mA
　(2) P_1：4.1×10⁻³W　P_2：1.6×10⁻³W
　　　P_3：1.1×10⁻³W
　(3) 6.8×10⁻³W

解き方 (1) 抵抗 R_2 と R_3 の合成抵抗を R_{23}〔kΩ〕とすれば，

$$\frac{1}{R_{23}} = \frac{1}{2.0} + \frac{1}{3.0} = \frac{5.0}{6.0}$$

より，$R_{23} = \frac{6.0}{5.0} = 1.2$〔kΩ〕

回路全体の合成抵抗 R〔kΩ〕は，
$R = 1.8 + 1.2 = 3.0$〔kΩ〕

オームの法則より，$4.5 = 3.0 \times I_1$

よって，$I_1 = \frac{4.5}{3.0} = 1.5$〔mA〕

抵抗 R_1 にかかる電圧 V_1 は，
$V_1 = 1.8 \times 1.5 = 2.7$〔V〕

であるから，抵抗 R_2 と R_3 にかかる電圧 V_{23} は，
$V_{23} = 4.5 - 2.7 = 1.8$〔V〕

抵抗 R_2 に流れる電流 I_2 は，**オームの法則**より，
$1.8 = 2.0 \times I_2$

よって，$I_2 = \frac{1.8}{2.0} = 0.9$〔mA〕

抵抗 R_3 に流れる電流 I_3 は，**オームの法則**より，
$1.8 = 3.0 \times I_3$

よって，$I_3 = \frac{1.8}{3.0} = 0.6$〔mA〕

(2) $P = IV$ より，
$P_1 = I_1 V_1 = 1.5 \times 10^{-3} \times 2.7$
　　$= 4.05 \times 10^{-3}$〔W〕
$P_2 = I_2 V_2 = 0.90 \times 10^{-3} \times 1.8$
　　$= 1.62 \times 10^{-3}$〔W〕
$P_3 = I_3 V_3 = 0.60 \times 10^{-3} \times 1.8$
　　$= 1.08 \times 10^{-3}$〔W〕

(3) $P = IV$ より，
$P = 1.5 \times 10^{-3} \times 4.5 = 6.75 \times 10^{-3}$〔W〕

(**別解**) 電池の供給電力は，抵抗で消費された電力の和になるので，
$P = P_1 + P_2 + P_3$
　$= 4.05 \times 10^{-3} + 1.62 \times 10^{-3} + 1.08 \times 10^{-3}$
　$= 6.75 \times 10^{-3}$〔W〕

5 C

解き方 図のように，**右ねじの法則**より，コイルの中心に生じる磁場の向きはCである。

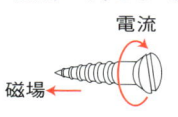

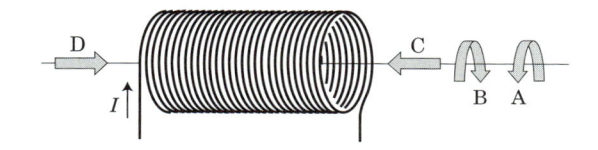

6 (1) ア：b　イ：c　ウ：a　(2) 負，閉じる

解き方 (1) ア：はく検電器金属内の自由電子は，正の帯電体を近づけると，異符号の電荷なので静電気力によって引力がはたらく。
イ：はく検電器金属内は電気的には中性なので，金属板部分に自由電子が引き寄せられたことにより，はくの部分には正の電荷が残る。
ウ：2枚のはくは，どちらも正に帯電するので，同符号の電荷のため静電気力によって反発力がはたらき，はくは開く。

(2) はく検電器の金属部分全体が正に帯電しているとき，負に帯電した塩化ビニル棒を近づけると，自由電子は反発力を受けはくのほうに移動する。自由電子がはくのほうに移動することによって，はくの部分の正電荷が減少し，はくは徐々に閉じていく。さらに塩化ビニル棒を近づけていくと，はくの部分の自由電子がさらに増加し，はくは負に帯電しはくは開く。
その状態で，金属板に指で触れると，はくに移動した自由電子は指を通って人の体を流れるので，電気的に中性となり，はくは閉じる。

7 ㋓

解き方 円形のコイルが磁石の間に入るとき，下向きの磁力線が増える。磁力線が増えるのを妨げる向きに誘導電流が流れるので，右ねじの法則より，図の矢印とは逆向きに電流が流れる。コイルが磁石の間に完全に入っているときは磁力線は増えることも減ることもないので，誘導電流は流れない。コイルが磁石の間を出始めると，コイルを貫く磁力線が減る。磁力線が減るのを妨げる向きに誘導電流が流れるので，図の矢印と同じ向きに電流が流れる。よって，正解は㋓。

付録 測定値と有効数字

練習問題を解いてみよう！ の答 → 本冊 p.78

1 ① **10.37** ② **1.037** ③ **−1**

解き方 ① 物差しについている目盛りが1mmごとなので，0.1mmまで読み取る。読み取ると10.37cmであり，末尾の数字7は0.7mmである。読み取りには誤差があり，10.36cmや10.38cmと読んだ場合でも正解である。

② 測定値の最高位の数字が，1の位にくるように書く。最高位の数字は1なので，1が1の位にくるように書くと，1.037となる。

③ 10.37cmは0.1037mである。1.037を0.1倍すれば0.1037となる。$0.1=10^{-1}$であるから，
$$10.37\text{cm}=0.1037\text{m}$$
$$=1.037\times0.1\text{m}$$
$$=1.037\times10^{-1}\text{m}$$

2 (1) ④ **2.246** ⑤ **−2** ⑥ **kg** ⑦ **4**
(2) ⑧ **5.638** ⑨ **−1** ⑩ **m** ⑪ **4**
(3) ⑫ **2.36** ⑬ **3** ⑭ **m** ⑮ **3**

3 (1) **7.1m²** (2) **1.04×10⁻²m²**
(3) **1.486×10²kg**

解き方 (1) 測定値は半径の1.5mであり，有効数字は2桁である。円の面積を計算するためには円周率を使うが，円周率は1桁多い3桁の3.14を用いる。
$$3.14\times1.5^2=7.065\ [\text{m}^2]$$
計算に用いた測定値の有効数字が2桁だったので，計算結果も2桁で答える。よって，円の面積は7.1m²である。10の累乗の形で表せば，$7.1\times10^0\text{m}^2$となるが，10^0は書かない。

(2) 長方形の2辺の測定値は，12.56cmが有効数字4桁，8.28cmが有効数字3桁で，面積はかけ算によって求められるので，計算結果の有効数字は，計算に使った測定値の有効数字の小さいほうの3桁である。単位をcmからmに直して，
$$0.1256\times0.0828=0.010399$$
$$=1.04\times10^{-2}\ [\text{m}^2]$$

(3) この計算では，質量の和を求めるため，有効数字ではなく末尾の数字の位が問題になる。123.46kgの末尾の数字6は小数点以下第2位の位，25.1kgの末尾の数字1は小数点以下第1位の位である。小数点以下第1位の位のほうが高いので，計算結果の末尾の数字の位を小数点以下第1位に合わせる。
$$123.46+25.1=148.56$$
$$=148.6$$
$$=1.486\times10^2\ [\text{kg}]$$

4 (1) $[\text{LMT}^{-2}]$ (2) $[\text{MT}^{-2}]$
(3) $[\text{L}^2\text{MT}^{-2}]$ (4) $[\text{L}^2\text{MT}^{-2}]$
(5) $[\text{L}^2\text{MT}^{-2}]$

解き方 (1) 力の次元を知るためには運動方程式 $ma=F$ を用いると，Nの単位は質量と加速度をかけたものであることがわかるので，基本単位で表すと，
$$\text{kg}\cdot\text{m/s}^2=\frac{\text{kg}\cdot\text{m}}{\text{s}^2}=\frac{[\text{M}]\cdot[\text{L}]}{[\text{T}^2]}$$
$$=[\text{LMT}^{-2}]$$

(2) ばね定数の次元を知るためには，フックの法則 $F=kx$ より $k=\dfrac{F}{x}$ となるので，
$$\frac{\text{N}}{\text{m}}=\frac{[\text{LMT}^{-2}]}{[\text{L}]}=[\text{MT}^{-2}]$$

(3) 仕事の次元を知るためには，$W=Fs$ より，
$$\text{N}\cdot\text{m}=[\text{LMT}^{-2}]\cdot[\text{L}]=[\text{L}^2\text{MT}^{-2}]$$

(4) 運動エネルギーの次元を知るためには $\dfrac{1}{2}mv^2$ より，
$$\text{kg}\cdot(\text{m/s})^2=[\text{M}]\cdot[\text{L/T}]^2=[\text{L}^2\text{MT}^{-2}]$$

(5) 弾性エネルギーの次元を知るためには $\dfrac{1}{2}kx^2$ より，
$$[\text{MT}^{-2}]\cdot[\text{L}^2]=[\text{L}^2\text{MT}^{-2}]$$